无抗养殖技术丛书

植物提取物在畜禽养殖中的应用

ZHIWU TIQUWU
ZAI CHUQIN YANGZHI ZHONG DE
YINGYONG

主　编　周璐丽　王定发　周汉林
副主编　侯冠彧　林宇环

四川大学出版社
SICHUAN UNIVERSITY PRESS

图书在版编目（CIP）数据

植物提取物在畜禽养殖中的应用 / 周璐丽，王定发，周汉林主编. — 成都：四川大学出版社，2023.5
（无抗养殖技术丛书 / 王定发主编）
ISBN 978-7-5690-6131-4

Ⅰ. ①植… Ⅱ. ①周… ②王… ③周… Ⅲ. ①植物—提取—应用—畜禽—饲养管理 Ⅳ. ①Q946 ②S815

中国国家版本馆CIP数据核字（2023）第086654号

书　　名：植物提取物在畜禽养殖中的应用
Zhiwu Tiquwu zai Chu-qin Yangzhi zhong de Yingyong
主　　编：周璐丽　王定发　周汉林
丛 书 名：无抗养殖技术丛书
丛书主编：王定发

丛书策划：王　睿
选题策划：王　睿
责任编辑：王　睿
责任校对：胡晓燕
装帧设计：墨创文化
责任印制：王　炜

出版发行：四川大学出版社有限责任公司
地址：成都市一环路南一段24号（610065）
电话：（028）85408311（发行部）、85400276（总编室）
电子邮箱：scupress@vip.163.com
网址：https://press.scu.edu.cn
印前制作：四川胜翔数码印务设计有限公司
印刷装订：成都金阳印务有限责任公司

成品尺寸：185mm×260mm
印　　张：8.5
字　　数：207千字

版　　次：2023年7月 第1版
印　　次：2023年7月 第1次印刷
定　　价：68.00元

扫码获取数字资源

四川大学出版社
微信公众号

前　言

自 20 世纪 50 年代起，饲用抗生素的使用在促进畜禽生长、降低畜禽发病率和死亡率等方面发挥了积极作用，但饲用抗生素滥用导致的细菌耐药性、动物源食品药物残留、环境污染等问题日益凸显，严重威胁着肉类产品安全和人类健康。欧洲联盟（简称欧盟）自 2006 年 1 月 1 日起全面禁止在食品动物中使用抗生素作为饲料添加剂。我国农业农村部第 194 号公告指出，“自 2020 年 1 月 1 日起，退出除中药外的所有促生长类药物饲料添加剂品种”。“自 2020 年 7 月 1 日起，饲料生产企业停止生产含有促生长类药物饲料添加剂（中药类除外）的商品饲料”。

现今在全球“饲料禁抗”“养殖减抗”的环境下，寻找安全有效的饲用抗生素替代品已迫在眉睫。植物提取物因具有资源丰富、功能全面、不易产生耐药性、安全性高、残留少、毒副作用小等优势，是动物生产中理想的饲用抗生素替代品之一。

本书主要总结了编者及团队近年来对五种“药食两用”植物（黄灯笼辣椒、姜黄、槟榔、番石榴叶、显齿蛇葡萄）及其提取物在畜禽生产中的基础应用研究成果，以期为该五种植物及其提取物在畜牧养殖业中的开发应用提供参考。

本书由中国热带农业科学院热带作物品种资源研究所周璐丽、王定发、周汉林担任主编，侯冠彧担任副主编；海南省动物卫生监督所林宇环担任副主编。由于时间仓促和水平有限，书中难免出现疏漏和错误，敬请读者谅解并提出宝贵建议，以便以后完善。

编　者

2022 年 4 月

目　录

1 概　论

1950年底，美国食品药品监督管理局（Food and Drug Administration，FDA）首次批准在饲料中添加抗生素，从此，抗生素作为饲料添加剂在世界各国被广泛使用。虽然抗生素在饲料中的长期添加使用对畜牧养殖业的飞速发展起了一定的促进作用，但抗生素的滥用让细菌极易产生耐药性，会造成菌群失调、药物残留等影响食品安全、危害动物和人类健康、污染环境的问题。因此，禁止将饲用抗生素用于动物生产已成为世界各国的共识。随着我国“饲料禁抗”“养殖限抗”等相关政策的制定与实施，开发植物提取物、微生态制剂、酶制剂等绿色替抗饲料产品，已成为畜牧领域中的重中之重。

中医著作《黄帝内经》中说：“上工治未病，不治已病，此之谓也。”“治未病”即采取相应的措施，防止疾病的发生、发展。植物提取物是指采用适当的溶剂或方法，以植物全部或者某一部分为原料提取或加工而成的含有多种成分的物质。植物提取物因其富含生物碱类、酚类等多种成分而具有抑菌、抗炎、抗氧化等多种活性。与抗生素相比，植物提取物不仅具有资源丰富、安全性能高、不易产生耐药性、生产成本低、环境污染小等优点，还起到抑菌、抗炎等“治未病”作用，具有“多成分、多靶点”的特点，因此，研究与开发植物提取物类饲料添加剂替代抗生素具有广阔的应用前景。

本书作者及团队前期选用五种热带及亚热带药食两用植物（黄灯笼辣椒、姜黄、槟榔、番石榴叶、显齿蛇葡萄）及其提取物在饲用替抗方面开展了一系列的应用研究，本书针对这五种植物及其提取物从生物学性能、化学成分、提取工艺、药理活性以及作者团队近十年来开展的与这五种植物相关的在畜禽养殖中的应用研究方面进行了总结，以期为它们将来作为植物提取物替抗产品的开发应用提供参考。

2 黄灯笼辣椒提取物的应用

2.1 黄灯笼辣椒概述

辣椒（*Capsicum annuum* L.）是一种茄科辣椒属1年生或有限多年生草本植物。其果实通常呈圆锥形或长圆形，未成熟时呈绿色，成熟后变成鲜红色、绿色或紫色，以红色最为常见。辣椒的果实含有辣椒素而有辣味，能增进食欲。有研究表明，辣椒中维生素C的含量在蔬菜中居第一位。

辣椒原产于南美洲墨西哥一带，明朝末年传入我国，目前在全世界范围内被人们广泛种植，具有巨大的潜在应用价值。辣椒是我国海南省冬季瓜菜的主要品种之一，是供应我国北方的第一大蔬菜品种。海南省辣椒种植开始于20世纪80年代，早期主要分布在三亚、陵水、乐东等地，以青皮尖椒为主。近年来，随着品种结构的不断优化调整以及消费者需求的多样化，海南省辣椒种植规模迅速扩大，主要种植地区扩展到文昌、澄迈、琼海、临高、儋州、海口、昌江等地区，主要种植品种有青皮尖椒、黄皮尖椒、泡椒、圆椒、黄灯笼辣椒等，并在省内形成了三大产业区，分别是东南部琼海和万宁的泡椒产业区、西部澄迈和儋州的尖椒产业区以及东方和文昌的圆椒产业区。目前，辣椒已成为海南省冬季瓜菜产业的优势作物品种，辣椒产业逐渐成为海南部分地区经济发展的重要支柱之一。

黄灯笼辣椒（*Capsicum chinese* Jacq.）又名黄帝椒、黄辣椒，茄科辣椒属1年生或多年生草本植物，是海南省特有的辣椒品种。黄灯笼辣椒果实形状似灯笼，肉质较厚，富含辣椒素、维生素C、胡萝卜素等，因其味辣色黄、香味浓郁、营养丰富，具有较大的药用潜力和开发价值。该植株高55～60 cm，展开度为50～55 cm，果实为不规则球形或圆锥形俯生，均重约9 g。果实未成熟前呈果绿色或白绿色，成熟后为金黄色。黄灯笼辣椒从播种至开花约110天，至收获约145天，其分枝能力强，叶呈绿色，叶表无毛。黄灯笼辣椒味辣而香气独特，在海南地区被人们广泛种植。其花梗较长，每节花梗可坐花3～20朵，为白色小花。果实为持久型长梗果实，每果位可坐果1～3个，果长为4～6 cm，果宽为3.5～5.0 cm，果皮较硬。黄灯笼辣椒含有丰富的维生素C，含量约为117.86 mg/100g，还含有维生素B、胡萝卜素以及铁、钙等多种矿物质，营养价值和保健价值极高。另外，因其含有丰富的芳香类物质，香味扑鼻，能增进人的食欲，是制作辣椒酱的优质原料。黄灯笼辣椒的辣度在150000 SHU左右，总辣椒素含量可达

9.73 mg/g，一般不作为鲜食，主要被人们做成黄灯笼辣椒酱后食用。

2.2 辣椒提取物的提取工艺

辣椒提取物是从辣椒中提取得到的油状混合物，常温下为液体。辣椒提取物的主要有效成分为辣椒素类物质，目前已知的辣椒素类物质中辣椒碱和二氢辣椒碱含量最高，约占总辣椒素类物质的90%，余下10%左右为高辣椒碱、降二氢辣椒碱等。国外通常根据辣椒素含量百分比的不同将辣度分为四个等级，即辣度在500 SHU以下为微辣(Mild)，500～1500 SHU为中等辣（Medium)，1500～3000 SHU为辣（Hot)，而3000 SHU以上为超级辣（Supper Hot)。

辣椒碱（$C_{18}H_{27}NO_3$）作为辣椒中的主要有效成分，其本质是香草酰胺衍生物，化学结构式为8－甲基－N－香草基－6－壬烯基酰胺（图2.1)。辣椒碱无毒，常温下为白色或微黄色针状结晶，在掺杂色素情况下或呈微红色。正常状态下其熔点不固定，范围在57～66 ℃，沸点范围在210～220 ℃。辣椒碱水解后可生成香草基和葵烯酸，这两种物质因含酚类羟基而呈弱酸性。辣椒碱难溶于水，易溶于有机溶剂和碱性水溶剂，如乙醇、丙酮、丁二醇等。

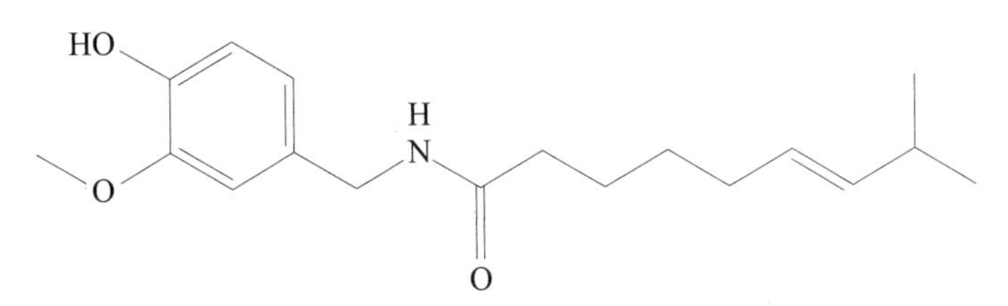

图2.1 辣椒碱的化学结构式

辣椒素的提取工艺已趋于成熟，且提取方法多样。目前应用较多的提取工艺主要有微波辅助提取法、超临界流体萃取法、溶剂浸提法、索氏提取法、酶提取法等。

2.2.1 微波辅助提取法

微波辅助提取法的提取原理是利用细胞吸收微波能，使其内部压力超过细胞壁膨胀的承受能力而破裂，细胞内有效成分自由流出，在较低的温度条件下被萃取介质捕获并溶解，同时，微波产生的电磁场能加快被萃取组分向萃取溶剂界面的扩散速率，加速其热运动，从而使萃取速率提高，同时还可降低萃取温度，最大限度地保证萃取效果。

柯薇（2006）采用微波辅助提取法提取辣椒素，发现与固液浸提法相比，微波辅助提取法显著提高了辣椒素的提取率（提高了18.3%)，并显著降低了单次浸提的液固比和浸提时间。与索氏提取法相比，微波辅助提取法对辣椒素的提取率提高了15.6%，提取时间由3 h减少到1 h。刘晓鹏等（2008）采用微波辅助提取法提取辣椒素，发现在最佳条件下，在较短时间内就可以获得较高的提取率，最优的结果是4 min内辣椒素的提取率可达到92.5%。

微波辅助提取法和超声萃取法类似。与传统的溶剂提取法相比，微波辅助提取法提取率高、速度快、节省溶剂，已成为提取天然化合物及生物活性成分的研究热点，但目前还未见应用于大规模生产，更多的是实验室应用。如何将其规模化并应用到实际的工业生产中，还需研究人员进一步努力。

2.2.2 超临界流体萃取法

超临界流体萃取法是近十年发展起来的。该萃取法是利用超临界流体作为溶剂，从固体或液体中萃取出某些有效组分并进行分离的技术。超临界流体是密度接近于液体，扩散系数和黏度接近于气体，而物理性质介于气体和液体之间的流体。超临界流体萃取法的特点是充分利用超临界流体气、液两重性的特点，在临界点附近对组分的溶解能力随压力和温度发生连续变化，从而方便地调节组分的溶解度和溶剂的选择性。采用超临界流体萃取法从辣椒粉中提取辣椒素，方便、快捷、效率高，极具发展潜力。

Mejia等（1988）采用超临界二氧化碳作溶剂，以乙醇为夹带剂，在50 ℃条件下，用压力变化法从辣椒中直接分离得到纯度为80%的辣椒素。祝青等（2005）研究发现，采用超临界流体萃取法可以较大幅度地提高辣椒素的提取效率。

虽然超临界流体萃取法具有萃取和分离的双重作用，物料无相变过程，工艺简单、萃取效率高、产品质量好、无有机溶剂残留及不污染环境等，但其对设备要求高，且操作过程中功耗很大，生产成本较高，国内大部分应用场景仍在实验室。目前，超临界二氧化碳萃取法是国外应用和研究的热点。

2.2.3 溶剂浸提法

辣椒素易溶于乙醇、乙醚、丙酮、苯、氯仿等有机溶剂，因此可采用溶剂浸提法提取辣椒素。溶质在两相溶剂中的溶解度之比称为分配系数（K），在一定温度和压力下，K为一常数。溶剂浸提法是利用不同的化合物在两相溶剂中分配系数的不同来达到分离目的的，分配系数差别越大，分离效率就越高。近年来，研究最多的是乙醇浸提法。

Santamarija等（2000）采用不同浓度的乙醇提取辣椒素，结果表明，辣椒素的提取率可达80%，而且低浓度乙醇提取的产品色素含量很低，有利于产品的进一步分离与纯化。张郁松（2009）采用碱性乙醇提取辣椒碱的工艺，确定了辣椒碱的最佳提取工艺参数：料液比为1∶20，以含0.5% Na_2CO_3的50%乙醇作为溶剂，提取温度为70 ℃，浸提时间为2 h。

乙醇浸提法虽然操作简单、提取效率较高，但是萃取时间长，使用的溶剂量大，所以成本较高。如果与其他方法结合，消除其提取过程中的劣势，则可扩大其应用范围，进一步推动乙醇浸提法的发展。

2.2.4 索氏提取法

索氏提取法是用有机溶剂长期浸润物料而将所需物质有选择性地浸提出来的方法，属于溶剂浸提法的改进工艺。近年来对该方法的研究很多，彭书练等（2007）采用有机溶剂浸提辣椒果皮粉，得到辣椒碱含量达90%以上的辣椒素。朱书平（2006）采用5种有机溶剂作为提取剂进行优选，综合考虑溶剂的提取率、毒性、价格及回收率等因素，认为采用95%乙醇为提取剂，原料粒度在311～467 μm，浸提时间为4 h，液固比为4∶1时提取效果最佳。

与超声波提取法及单纯溶剂浸提法相比，索氏提取法浸泡更加充分，提取率更高，并有利于溶剂的回收。若浸提和溶剂蒸馏采取全封闭的装置，溶剂回收率将会更高。但是该方法所需时间长、溶剂用量大，导致成本大大增加。如何减少提取时间和溶剂消耗将是未来主要的研究方向。

2.2.5 酶提取法

辣椒的细胞壁纤维结构对辣椒中的辣椒素以及其他脂溶性成分的溶出影响很大，而酶可以迅速破坏辣椒细胞组织，加速物质的溶出。选用合适的酶可较温和地将辣椒中的纤维组织分解，加速有效成分的释放，从而提高提取率。用于提取辣椒素的纤维素酶一般是起协同作用的多种酶系，主要是纤维二糖水解酶、β-1，4-葡聚糖酶和β-葡萄糖苷酶。近年来，随着生物技术的迅速发展，这方面研究也在不断增多。

董新荣等（2007）研究了应用纤维素酶处理辣椒粉的酶解条件以及对乙醇提取辣椒素效率的影响。在最佳条件下，用乙醇提取酶解后的辣椒粉的辣椒素，提取率比不酶解时高出7%左右。郑振勋等（2007）使用酶提取法提取干红辣椒中的辣椒素，结果表明，与传统溶剂提取方法相比，该提取法辣椒素的产量提高了30%，具有萃取速度快、萃取效率高的优点。

酶提取法是近年来广泛应用于天然产物活性成分提取的生物工程技术，随着研究工作的深入，该方法必将在食品、饲料、环境保护、能源和资源开发等各个领域中发挥越来越大的作用。目前，酶提取法存在应用规模小、菌种酶活性低、生产成本高、技术要求高等问题，研究人员应尽快采用高新技术，研发具有中国自主知识产权的新酶种、新产品、新剂型，以满足市场需求。

2.2.6 其他提取方法

其他提取方法还有超声波辅助提取法，其方法和原理与微波辅助提取法类似，也是通过超声波产生的压力使辣椒的细胞壁瞬间破碎，产生的振动促使植物细胞内的物质释放、扩散和溶解，有利于活性成分的提取。较传统提取工艺而言，采用超声波辅助提取法的辣椒素提取率有明显提高，并缩短了提取时间。但是，通过该方法得到的辣椒素纯度不高，难以满足一般工业要求。

分子蒸馏是一种特殊的液－液分离技术，它不同于传统蒸馏依靠沸点差的分离原理，而是依靠不同物质分子运动平均自由程的差别实现分离的。当液体混合物沿加热板流动并被加热时，轻、重分子会逸出液面而进入气相，由于轻、重分子的自由程不同，因此不同物质的分子从液面逸出后移动距离不同。恰当地设置一块冷凝板，使轻分子达到冷凝板被冷凝排出，而重分子因达不到冷凝板沿混合液排出，以此达到物质分离的目的。胡海燕等（2004）使用分子蒸馏较好地分离了辣椒素，但该方法的缺点是前期准备及后续处理较为复杂，且不容易获得高纯度的辣椒素结晶。目前有关分子蒸馏更多地集中在理论研究阶段，应用性的研究工作尚未大量展开，亟待更深入的研究。

2.3 辣椒素的作用

辣椒中含量最丰富且生物活性最活跃的是辣椒素，辣椒素是一种天然的生物碱，食用后，85%～95% 的辣椒素都可以经过胃肠道迅速吸收。吸收后的辣椒素主要经过肝脏细胞色素酶 P450 代谢，还有一小部分在小肠中水解。临床试验表明，辣椒素具有减肥、抗癌、缓解疼痛、保护心血管和胃肠道等作用，并依靠瞬时感受器电位香草酸受体 1（Transient Receptor Potential Vanilloid 1，TRPV1）发挥多种病理生理功能。

2.3.1 促进减肥

辣椒中的甜椒碱和辣椒素可以增加脂肪氧化，从而改变脂类代谢，以达到降低体脂率的目的。呼吸熵是生物体在同一时间内所释放的 CO_2 和吸收的 O_2 的体积之比或摩尔数之比。当碳水化合物作为呼吸底物被完全氧化时，细胞的耗氧量和释放的 CO_2 量相等，既呼吸熵等于 1。以油或脂肪作呼吸底物时，需要消耗大量的 O_2，导致呼吸熵降低。吃一顿含有辣椒的餐食后，呼吸熵可以下降 30%，并且经常食用辣椒的人的呼吸熵要比不食用辣椒的人低。

辣椒素的主要作用是激活瞬时感受器电位香草酸受体 1，瞬时感受器电位香草酸受体 1 可以提高 Ca^{2+} 水平。Ca^{2+} 水平的提高是通过连接蛋白 43（Connexin43，Cx43）介导的，Cx43 的增加改善了脂肪细胞之间的联系，导致脂肪重构，从而减轻体重（Varghese 等，2017）。此外，辣椒素能够通过与低温刺激相同的方式触发棕色脂肪组织氧化而引起能量消耗增加。辣椒素可经 TRPV1 通路刺激交感神经系统，导致肾上腺髓质中儿茶酚胺的分泌，进而引起脂肪细胞中 β－肾上腺素能受体的活化，促进非战栗性产热（Saito 等，2013）。交感神经的刺激引起脂肪分解后所增加的游离脂肪酸能够刺激棕色脂肪组织的线粒体中解偶联蛋白－1（UCP－1）上调，增加解偶联的线粒体呼吸，进而产热。辣椒能够增加食物油腻感，辣椒素能减少食欲，并且与经常吃辣椒的人群相比，偶尔吃辣椒的人群中这种效应更为显著。辣椒素通过激活 TRPV1 介导的 Ca^{2+} 增加，提高胰高血糖素样肽－1 的水平，进而降低饥饿素水平，从而减少食欲

(Smeets 等，2009)。辣椒素可以减少胰岛素抵抗，习惯性吃辣椒有助于缓解人进餐后高血糖和高胰岛素血症，调节并改善糖自稳，其机制可能与 TRPV1 通路、活性氧相关的 5′－磷酸腺苷活化蛋白激酶（AMPK）通路和丝裂原活化蛋白激酶 p38（p38 MAPK）通路有关。与高碳水化合物的食物相比，辣椒素会使高脂肪饮食产生更多的脂质氧化，因此辣椒素对高脂肪饮食人群的减肥效果更加明显。

2.3.2　缓解疼痛

辣椒素可以通过激活 TRPV1 受体促进钙离子内流，使细胞进入一个较长的不应期，使之前兴奋的细胞可以抵抗不同来源的刺激，进而起到缓解疼痛的效果。辣椒素缓解疼痛的主要机制，一般认为是 TRPV1 受体被辣椒素激活后释放神经肽，随之通过阻断生长抑素在感觉神经元轴浆中的运输来阻断神经肽的恢复，进而耗尽神经肽。此外，辣椒素除了可以通过耗尽神经肽来缓解疼痛，还可以使神经元“去功能化”。“去功能化”包括膜电位的丧失、无法转运神经营养因子、神经肽的丢失以及表皮与真皮神经末梢的可逆性回缩。钙离子的超载还会导致线粒体功能的丧失以及代谢终止，使细胞膜的完整性被破坏，神经末梢崩解（Anand 等，2011）。目前，辣椒素已被应用到类风湿性关节炎、丛集性头痛、带状疱疹和术后神经痛的治疗中。

2.3.3　抗癌作用

很多研究认为，辣椒素的抗癌活性主要是通过调控细胞周期和诱导凋亡实现的。虽然辣椒素的抗癌作用不是经 TRPV1 介导的，但是 TRPV1 导致的细胞内钙离子浓度的升高会引发细胞凋亡。Lin 等（2013）的研究表明，辣椒素通过阻止细胞周期的 G2/M 期和使线粒体膜电位丢失进而引起 Casepase－9 诱发凋亡，此外，辣椒素可以阻断肿瘤细胞中的电子传递链复合体，但对正常细胞无影响，而且纯辣椒素的作用要低于辣椒提取物，可能是由于辣椒提取物中的多种活性成分起到协同抗癌的作用（Pramanik 等，2011）。

2.3.4　对胃肠道的作用

辣椒素可以促进胃肠道对食物的消化吸收。辣椒素刺激味蕾，引起唾液分泌增加，并提高唾液淀粉酶活性，有助于提高对淀粉类食物的消化能力。此外，辣椒素可以增加胰酶和肠酶的活性，增加胆汁的生成和分泌，能帮助对食物中脂肪的消化吸收，而胆汁的增加和消化酶的增多可以减少食物在消化道内的通过时间，降低患胃肠道肿瘤的概率(Maji 等，2016)。辣椒素也可以减小小肠上皮细胞的电阻，增加细胞间紧密连接的通透性，以及钙离子的转运，帮助人体吸收更多食物中的养分及活性成分（Hashimoto 等，1997）。

辣椒素可以减轻胃食管反流症状，其机制包括辣椒素与其受体作用产生的止痛和抗炎效应，可以阻止痛觉信号经外周神经中的 C 纤维传入以及诱导食管黏膜的去敏感，降低食管对胃酸的化学敏感性，以及促进胃窦、十二指肠、近端空肠及结肠的蠕动（Hayashi 等，2010）。而且，辣椒素可增强胃黏膜的防御功能，小剂量的辣椒素可通过激活 TRPV1 使得胃泌素和降钙素基因相关肽的分泌增加，进而促进微循环，保护胃黏膜免受异物侵袭（Valussi 等，2012）。

适量的辣椒素对胃黏膜具有保护作用，并能促进溃疡愈合。辣椒素可预防或明显减轻由盐酸、乙醇、酸化阿司匹林和出血性休克等引起的大鼠胃黏膜损伤。辣椒素对胃黏膜的作用与辣椒素的剂量有关。小剂量的辣椒素灌注能对大鼠的胃黏膜产生保护作用，并在早期加速胃黏膜的修复。但是，大剂量的辣椒素灌注会导致对胃黏膜的保护作用减弱，甚至完全消失。

辣椒素还可以通过增加内生性抗氧化酶的活性（如超氧化物歧化酶、过氧化氢酶、谷胱甘肽还原酶和谷胱甘肽转移酶等）进而增强人体对氧化应激的抵抗，以减轻氧化应激对人体造成的损害（Prakash 等，2010）。辣椒素还能抑制螺旋菌的生长，通过促进包括 IgA 和 IgG 抗体的分泌来增强肠道的免疫力。

2.3.5 对心血管的作用

辣椒素可以缩小缺血的范围并减少再灌注损伤，减少再灌注损伤的机制可能与脂质氧合酶的代谢产物激活 TRPV1 有关（Sexton 等，2007）。辣椒素可以诱导血小板膜流动性的改变而产生抗血小板凝集作用（Mittelstadt 等，2012）。

2.3.6 其他作用

辣椒素及其类似物对粪肠球菌、化脓性链球菌、铜绿假单胞菌和大肠杆菌具有体外抑杀作用，主要是因为辣椒素对细菌细胞膜有破坏作用。辣椒素还具有抗真菌作用，如对扩展青霉、白色念珠菌、变色栓菌和密黏褶菌具有一定的抑制作用。此外，辣椒素还具有显著的抗氧化和与金属离子结合的特性。

2.4 辣椒素在畜禽生产中的应用

辣椒在我国古代就已应用于中医，具有活血消肿、镇痛消炎等功效。现代医学认为，辣椒素的主要功效包括消炎止痛、抑菌、提高免疫力等，并且广泛应用于食品、医疗、美容、国防军事等领域。将辣椒素应用于畜禽生产，抑菌和改善生长性能、调节肠道菌群、提高免疫力的作用明显，有取代抗生素的潜在价值，具有广泛的应用前景和研究意义。

2.4.1 蛋黄着色剂

辣椒素作为着色剂，能显著加深蛋黄颜色，甚至使蛋黄呈橘红色。已有研究表明，以皂化的红辣椒提取物和未皂化的红辣椒提取物分别作为饲料添加剂饲喂蛋鸡 21 天，皂化的红辣椒提取物添加组鸡蛋蛋黄对辣椒红色素的吸收率高达 16%，且蛋黄中的辣椒红素、类胡萝卜素、叶黄素和玉米黄素含量均显著高于未皂化的红辣椒提取物添加组，蛋黄颜色深度明显高于未皂化的红辣椒提取物添加组（Hamilton，1990）。赵国刚等（2009）在蛋鸭日粮中分别添加辣椒碱含量为 0.6%和 0.9%的辣椒粉，发现均可显著提高蛋鸭的采食量和日增重，降低料蛋比，提高蛋黄色泽度，并且 0.9%组显著高于 0.6%组，辣椒红色素在蛋黄中的沉积量与饲料中的辣椒碱含量成正比，沉积效率与饲料中辣椒碱含量成反比。韩占兵等（2012）的研究表明，在母柴鸡饲料中添加 1%和 2%辣椒粉，可显著提高产蛋率，明显改善柴鸡蛋黄颜色，并在连续饲喂 15 天后颜色趋于稳定。卢庆萍等（2005）在罗曼蛋鸡小麦型基础日粮中分别添加 0.1%、0.2%、0.4%和 0.8%的红辣椒提取物，结果表明，鸡蛋的罗氏比色扇值与红辣椒提取物的添加比例成正相关，但对蛋品质无显著影响。曲亮等（2014）在苏禽绿壳蛋鸡饲料中添加 0.1%、0.2%、0.3%和 0.4%的辣椒粉，结果显示，实验组蛋黄颜色、平均蛋重高于对照组，但实验组蛋黄胆固醇和血清脂质含量与对照组相比均无显著差异，因此在日粮添加辣椒粉对血清脂质和蛋黄胆固醇含量无不良影响。

2.4.2 肉鸡饲料添加剂

在艾维因肉鸡日粮中添加 0.5%辣椒粉，饲喂肉仔鸡 3 周，可以显著提高实验组肉鸡的平均体重、日增重，显著改善肉鸡的料肉比（杨红文等，2008）。20 世纪 90 年代，美国得克萨斯州某大学研究证实，在白羽肉鸡饲料中添加 18 mg/kg 的辣椒素，饲喂2～3 周后能显著抑制盲肠中的沙门氏菌，使盲肠上皮细胞增多。研究者认为，这可能是因为辣椒素刺激外周传入神经末梢，进而产生多种生理生化变化，降低了机体对沙门氏菌的易感性。辣椒素在不影响湘西黄鸡生长性能的条件下，能显著抑制其体内的大肠杆菌生长和繁殖。在湘西黄鸡日粮中添加 10～100 mg/kg 的辣椒素，饲喂 40 天后屠宰，观察发现，辣椒素对湘西黄鸡的肠绒毛形态结构有显著影响，且与剂量有关。低剂量的辣椒素能够改变湘西黄鸡肠绒毛上皮结构，高剂量的辣椒素能显著抑制湘西黄鸡肠道中大肠杆菌的生长和繁殖，但对其生长性能的影响不如低剂量显著。

2.4.3 猪饲料添加剂

辣椒素作为促生长添加剂，在猪饲料中也有应用。马黎明等（2006）的研究表明，在仔猪日粮中添加 0.3%～0.5%的辣椒粉，可显著促进仔猪日增重和饲料转化率，同时改善仔猪的体态和毛色。有研究表明，辣椒素可以提高猪肠道中乳酸杆菌的数量，但对微生物总数没有明显影响，说明辣椒素虽然不会导致不同肠道区域细菌总数的减少，但会导致生态结构和微生物环境代谢活动的变化，进而改善猪的免疫调节能力（Castillo 等，2006）。田宗祥等（2012）在杜长大三元育肥猪日粮中分别添加 1.5%～3.0%的去籽辣椒粕，结果表明，实验组的采食量、日增重、料肉比均优于对照组，其添加 2.5%去籽辣椒粕实验组的效果最好。在 20 日龄的仔猪日粮中添加 200 mg/kg 的辣椒素，可提高仔猪对日粮中蛋白质的消化率，改善肠道菌群，促进胃的蠕动。何四德等（2006）的研究表明，在断奶、去势仔猪日粮中添加 0.16%的辣椒粉，可显著提高育肥猪体重，提高经济效益。

2.4.4 反刍动物饲料添加剂

Cardozo 等（2005）以不同 pH 的六种天然植物提取物作为肉牛高精日粮添加剂，研究其在瘤胃微生物发酵中的作用，添加浓度为 0～300 mg/L，pH 分别为 5.5 和 7.0。结果表明，当 pH 为 5.5 时，辣椒提取物能够促进瘤胃微生物发酵过程中的丙酸盐产生。有研究表明，在荷斯坦奶牛精料中添加 7.5 mg/kg 的辣椒提取物，可促进瘤胃发酵过程中蛋白质的降解和吸收利用。而且，在日粮中添加辣椒提取物可明显提高牛的饮水量和采食量，降低瘤胃乙酸比重，并降低瘤胃液中多肽和支链脂肪酸的浓度（Cardozo 等，2004）。

2.4.5 其他方面

辣椒素能抑制多种细菌的生长和繁殖。研究表明，辣椒素经口服后，能迅速被猪、牛、鸡的机体吸收，且能显著抑制其消化道内的一部分致病菌，包括沙门氏菌和大肠杆菌的繁殖和生长（Manzanilla 等，2009）。辣椒素还可应用于对畜禽肠道线虫等寄生虫的防治，治疗畜禽的炎症和腹泻。

2.5 黄灯笼辣椒的超临界二氧化碳萃取工艺及提取物成分分析

黄灯笼辣椒是海南省特有的辣椒品种，也是海南省最具开发潜力的特色植物之一。刘佳等（2015）选用黄灯笼辣椒作为研究对象，对黄灯笼辣椒的超临界二氧化碳萃取工艺及提取物成分展开了研究。

2.5.1 黄灯笼辣椒的超临界二氧化碳萃取工艺及优化

将采自中国热带农业科学院热带作物品种资源研究所蔬菜种质资源圃的新鲜黄灯笼辣椒剪开去蒂，于 55 ℃烘 48 h，将水分控制在 10%以内，粉碎过 40 目筛，密封避光保存备用。采用超临界二氧化碳萃取的方法提取黄灯笼辣椒的有效成分，以萃取压力、萃取温度、萃取流量和萃取时间为考察因素，由单因素试验每个因素确定 3 个水平，进行$L_9(3^4)$正交试验。参照《食品安全国家标准 食品添加剂紫草红》(GB 28314—2012)，采用高效液相色谱法测定黄灯笼辣椒提取物中辣椒碱和二氢辣椒碱的含量。以黄灯笼辣椒提取物得率及所得提取物中辣椒碱、二氢辣椒碱的含量为指标，综合确定最优提取条件。

1. 单因素试验

称取黄灯笼辣椒粉 250 g，采用超临界二氧化碳萃取法，在其他提取条件不变的情况下，分别取萃取压力为 15.0 MPa、17.5 MPa、20.0 MPa、22.5 MPa、25.0 MPa、27.5 MPa，萃取温度为 35 ℃、40 ℃、45 ℃、50 ℃、55 ℃，萃取时间为 50 min、70 min、90 min、110 min，萃取流量为 40 L/h、50 L/h、55 L/h，进行单因素试验。

(1) 萃取压力对黄灯笼辣椒提取物得率的影响如图 2.2 所示。黄灯笼辣椒提取物得率随萃取压力变化波动，在 20.0 MPa 和 27.5 MPa 时达到高点，但差异不明显。在实际生产中，压力升高会导致成本增加，综合考虑经济效益、生产成本以及单因素试验选定的范围，选取 17.0 MPa、20.0 MPa 和 23.0 MPa 作为正交试验萃取压力。

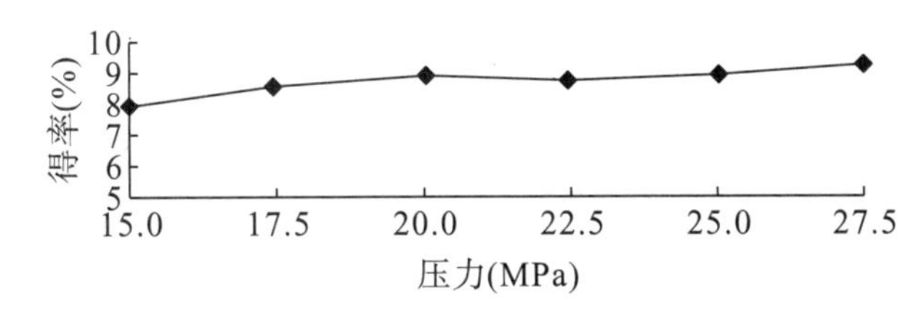

图 2.2　萃取压力对黄灯笼辣椒提取物得率的影响

(2) 萃取温度对黄灯笼辣椒提取物得率的影响如图 2.3 所示。黄灯笼辣椒提取物得率会随着萃取温度的升高先升高后降低，影响较明显。在 50 ℃时提取物得率达到最高，随着温度的进一步升高，得率呈下降趋势，说明 50 ℃为其拐点。辣椒碱为热敏物质，考虑到生产成本和有效成分的稳定性，以及单因素试验选定的范围，选取 44 ℃、47 ℃和 50 ℃为正交试验萃取温度。

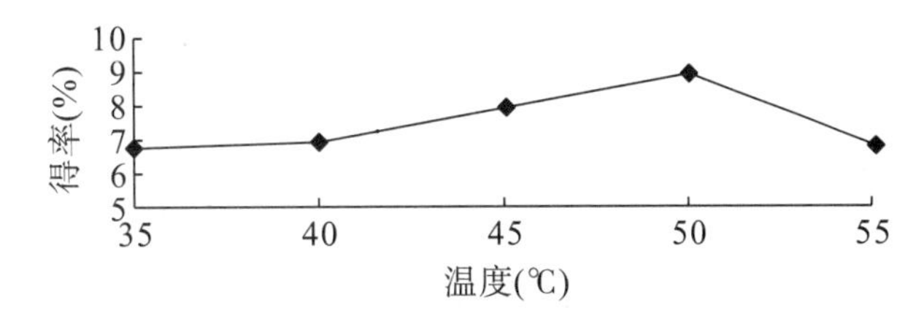

图 2.3　萃取温度对黄灯笼辣椒提取物得率的影响

(3) 二氧化碳流量对黄灯笼辣椒提取物得率的影响如图 2.4 所示。黄灯笼辣椒提取物得率随二氧化碳流量的增大先升高后下降，在 45 L/h 和 50 L/h 时达到高点，但变化不显著，根据单因素试验选定的范围，选取 35 L/h、45 L/h 和 55 L/h 作为正交试验二氧化碳流量。

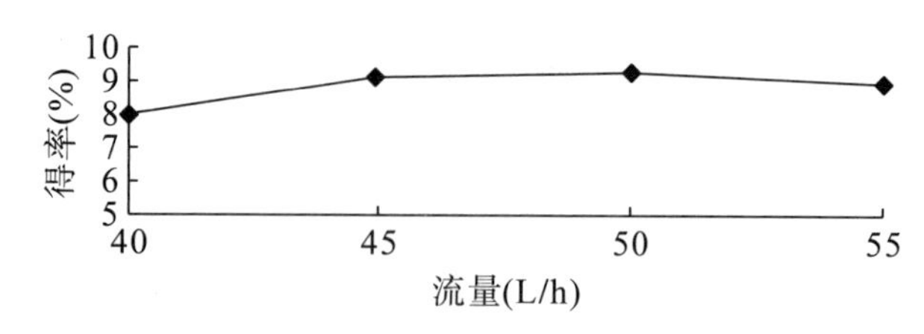

图 2.4　二氧化碳流量对黄灯笼辣椒提取物得率的影响

（4）萃取时间对黄灯笼辣椒提取物得率的影响如图 2.5 所示。黄灯笼辣椒提取物的得率随时间的增加而增加，但 90 min 后得率增加缓慢，因此选取 50 min、70 min 和 90 min 作为正交试验萃取时间。

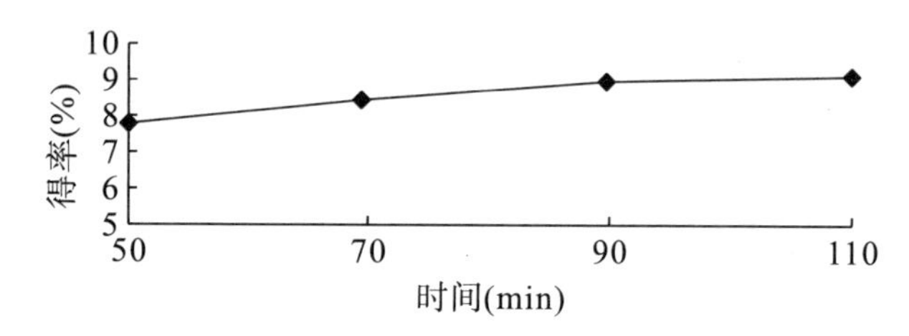

图 2.5　萃取时间对黄灯笼辣椒提取物得率的影响

2. 正交试验

以萃取压力（A）、萃取温度（B）、二氧化碳流量（C）和萃取时间（D）作为考察因素，每个因素由单因素试验确定三个水平，进行 $L_9(3^4)$ 正交试验。超临界二氧化碳萃取正交试验因素水平见表 2.1，黄灯笼辣椒提取物得率正交试验分析见表 2.2。

表 2.1　超临界二氧化碳萃取正交试验因素水平

水平	因素			
	A（MPa）	B（℃）	C（L/h）	D（min）
1	17.0	47	35	50
2	20.0	50	45	70
3	23.0	44	55	90

表 2.2　黄灯笼辣椒提取物得率正交试验分析

项目	提取条件				辣椒提取物质量（g）	辣椒提取物得率（%）
	A	B	C	D		
1	1	1	1	1	18.50	7.40
2	1	2	2	2	21.99	8.80
3	1	3	3	3	22.65	9.06
4	2	1	2	3	18.57	7.43
5	2	2	3	1	20.88	8.35

续表

项目	提取条件				辣椒提取物质量（g）	辣椒提取物得率（%）
	A	B	C	D		
6	2	3	1	2	20.06	8.02
7	3	1	3	2	18.24	7.30
8	3	2	1	3	18.12	7.25
9	3	3	2	1	21.06	8.42
K1	55.31	63.14	60.44	56.68		
K2	60.99	59.51	60.29	61.62		
K3	63.77	57.42	59.34	61.77		
k1	18.44	21.05	20.15	18.89		
k2	20.33	19.84	20.10	20.54		
k3	21.26	19.14	19.78	20.59		
平均值 *k*	20.01	20.01	20.01	20.01		
极差 *R*	8.46	5.72	1.10	5.09		
因素主次	A>B>D>C					
最优方案	A3B1C1D3					

由表 2.2 可以得出，影响黄灯笼辣椒提取物得率的因素依次为萃取压力、萃取温度、萃取时间和二氧化碳流量，最佳提取条件为 A3B1C1D3，即萃取压力 23.0 MPa、萃取温度 47℃、CO_2 流量 35 L/h、萃取时间 90 mim，正交试验的平均得率为 8.00%。

以 250 g 原料中辣椒素类物质的得率为标准确定最优提取条件，进行 $L_9(3^4)$ 正交试验，辣椒素类物质萃取正交试验分析见表 2.3。

表 2.3　辣椒素类物质萃取正交试验分析

项目	提取条件				辣椒素类物质得率（%）
	A	B	C	D	
1	1	1	1	1	92.987
2	1	2	2	2	93.230
3	1	3	3	3	94.335
4	2	1	2	3	94.312
5	2	2	3	1	93.766
6	2	3	1	2	94.128
7	3	1	3	2	94.986
8	3	2	1	3	92.845
9	3	3	2	1	93.987

续表

项目	提取条件				辣椒素类物质得率（%）
	A	B	C	D	
K1	2.823	2.806	2.807	2.800	
K2	2.798	2.822	2.823	2.815	
K3	2.825	2.828	2.825	2.831	
k1	0.941	0.935	0.936	0.933	
k2	0.933	0.941	0.941	0.938	
k3	0.942	0.939	0.938	0.944	
平均值 k	0.938	0.938	0.938	0.938	
极差 R	0.026	0.017	0.016	0.031	
因素主次	D>A>B>C				
最优方案	A3B2C2D3				

影响辣椒素类物质得率的因素依次为萃取时间、萃取压力、萃取温度和二氧化碳流量，最佳提取条件为 A3B2C2D3，即萃取压力 23.0 MPa、萃取温度 50℃、CO_2 流量 45 L/h、萃取时间 90 mim，正交试验的平均得率为 93.842%。

2.5.2 黄灯笼辣椒提取物的气相色谱－质谱（GC－MS）分析

黄灯笼辣椒提取物经 GC－MS 分析得到的总离子流色谱，如图 2.6 所示。将所得数据与仪器自带 NIST 标准质谱图数据库与人工检索相结合，进行比较鉴定。一共检测出 94 个峰，主要鉴定出 24 个化合物，其中含量最高的为辣椒素类物质，约占总成分的 31.670%；其次是亚油酸，约占总成分的 6.640%；棕榈酸和肉桂醛分别占总成分的 4.840%和 4.765%，其他化合物含量由高到低依次为正二十七烷、芳姜黄酮、反式角鲨烯、β－谷甾醇、亚油酸甘油酯，含量分别为 1.675%、1.375%、1.325%、1.115%和 1.075%。黄灯笼辣椒提取物成分及相对含量见表 2.4。

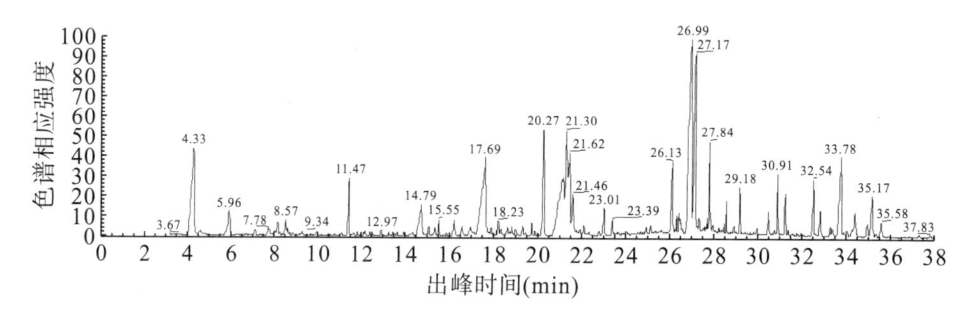

图 2.6　黄灯笼辣椒提取物经 GC－MS 分析得到的总离子流色谱

表 2.4　黄灯笼辣椒提取物成分及相对含量

序号	时间 (min)	名称	英文名称	相对含量 (%)	分子量 (g/moL)	分子式
1	4.33	肉桂醛	Cinnamaldehyde，(E)	4.765	132	C_9H_8O
2	5.96	α－荛烯	Copaene	1.265	204	$C_{10}H_{16}$
3	11.47	芳姜黄酮	Ar－tumerone	1.375	216	$C_{15}H_{20}O$
4	14.79	正十五酸	Tetradecanoic acid	0.915	242	$C_{15}H_{30}O_2$
5	17.69	棕榈酸	n－Hexadecanoic acid	4.840	256	$C_{16}H_{32}O_2$
6	20.27	植物醇	Phytol	0.410	296	$C_{20}H_{40}O$
7	21.18	亚油酸	9,12－Octadecadienoic acid (Z，Z)	6.640	280	$C_{18}H_{32}O_2$
8	21.46	十八烷基胺	1－Octadecanamine	0.050	269	$C_{18}H_{39}N$
9	21.62	十八碳酸	Octadecanoic acid	0.795	284	$C_{18}H_{36}O_2$
10	23.01	油酸酰胺	9－Octadecenamide，(Z)	0.955	281	$C_{18}H_{35}NO$
11	26.99	辣椒素	Capsaicin	31.670	305	$C_{18}H_{27}NO_3$
12	27.17	壬酸香草酰胺	Nonivamide	31.670	293	$C_{17}H_{27}NO_3$
13	27.84	甘油亚油酸酯	9,12－Octadecadienoic acid (Z,Z) －,2,3－dihydro xypropyl ester	1.075	354	$C_{21}H_{38}O_4$
14	28.57	反式角鲨烯	All－trans－Squalene	0.610	410	$C_{30}H_{50}$
15	29.18	正二十八烷	Octacosane	1.325	394	$C_{28}H_{58}$
16	30.47	Zeta－生育酚	ζ－Tocopherol	0.205	416	$C_{28}H_{48}O_2$
17	30.91	正二十七烷	Heptacosane	1.675	380	C27H56
18	31.26	维生素 E	Vitamin E	0.475	430	$C_{29}H_{50}O_2$
19	32.54	菜油甾醇	Campesterol	0.450	400	$C_{28}H_{48}O$
20	32.82	豆甾醇	Stigmasterol	0.225	412	$C_{29}H_{48}O$
21	33.78	β－谷甾醇	β－Sitosterol	1.115	414	$C_{29}H_{50}O$
22	34.96	三十七醇	1－Heptatriacotanol	0.050	536	$C_{37}H_{76}O$
23	35.17	羽扇豆醇	Lupeol	0.005	426	$C_{30}H_{50}O$
24	35.58	生育酚	Vitamin E	0.115	430	$C_{29}H_{50}O_2$

李洪福等（2013）采用不同极性的溶剂对采自海南本地的黄灯笼辣椒进行提取，并对所得提取物采用 GC－MS 进行化学成分鉴定，运用峰面积归一化法计算了各组分的相对百分含量（%）。

运用峰面积归一化法计算出各成分的相对质量分数，黄灯笼辣椒 3 种提取物成分的

GC－MS 分析结果见表 2.5。从海南黄灯笼辣椒的石油醚、乙酸乙酯和 95％乙醇 3 种提取物中共检测到 98 种化合物，确定了其中的 81 种化合物，其中从石油醚提取物中检测到 67 种，乙酸乙酯提取物中检测到 60 种，95％乙醇提取物中检测到 47 种。这些化合物主要为脂肪酸及其酯类、酰胺类（辣椒素和二氢辣椒碱）、烃类、甾醇类、维生素类、含氮杂环类等化合物，同时还包含少量的醇类、醛类、酮类和胺类化合物，各类化合物在不同提取物中的含量差别较大。海南黄灯笼辣椒的石油醚、乙酸乙酯和 95％ 乙醇 3 种提取物中酰胺类成分主要是辣椒素和二氢辣椒碱，它们的总含量在 3 种提取物中差别较大。

表 2.5　黄灯笼辣椒 3 种提取物成分的 GC－MS 分析结果（李洪福等，2013）

序号	化合物名称	分子式	相对含量（％）		
			石油醚提取物	乙酸乙酯提取物	95％乙醇提取物
1	2－甲基－2－十一碳烯	$C_{12}H_{24}$	0.09	/	/
2	5－甲基－5－十一碳烯	$C_{12}H_{24}$	0.05	/	/
3	(1,1－二甲基丁基) －苯	$C_{12}H_{18}$	0.03	/	/
4	2,6－二甲基十氢化萘	$C_{12}H_{22}$	0.14	/	/
5	2,3－二甲基十氢化萘	$C_{12}H_{22}$	0.26	/	/
6	4－乙酰－2－ (2,2－二甲基丙基) －1H－咪唑	$C_9H_{14}N_2O$	0.13	/	/
7	3－甲基雷锁苯乙酮	$C_9H_{10}O_3$	0.07	/	/
8	2,6－二甲氧基－p－二甲苯	$C_{10}H_{14}O_2$	0.11	/	/
9	1,6－二甲基十氢化萘	$C_{12}H_{22}$	0.16	/	/
10	反式，反式－1,10－二甲基螺环 [4.5] 癸烷	$C_{12}H_{22}$	0.11	/	/
11	顺式，反式－1,10－二甲基螺环 [4.5] 癸烷	$C_{12}H_{22}$	0.12	/	/
12	2,3－二甲基十氢化萘	$C_{12}H_{22}$	0.27	/	/
13	9－甲基－9H－芴	$C_{14}H_{12}$	0.08	/	/
14	5－乙酰基－2－肼基－4－甲基嘧啶	$C_7H_{10}N_4O$	0.16	/	/
15	3－甲基－7－戊基二环 [4.1.0] 庚烷	$C_{13}H_{24}$	0.21	/	/
16	单乙酸甘油酯	$C_5H_{10}O_4$	/	0.04	/
17	1,1,6,6－四甲基－螺环 [4.4] 壬烷	$C_{13}H_{24}$	0.07	/	/
18	顺式，反式－1，9－二甲基螺环 [5.5] 十一烷	$C_{13}H_{24}$	0.07	/	/
19	(E) －8－甲基－6－壬烯酸	$C_{10}H_{18}O_2$	/	/	0.35
20	α－荜澄茄烯	$C_{15}H_{24}$	0.04	0.08	/
21	β－荜澄茄烯	$C_{15}H_{24}$	0.04	/	/
22	香草醛	$C_8H_8O_3$	/	0.05	/

续表

序号	化合物名称	分子式	相对含量（%）		
			石油醚提取物	乙酸乙酯提取物	95%乙醇提取物
23	1－乙基－2－甲基环十二烷	$C_{15}H_{30}$	0.04	/	/
24	2－甲基十四烷	$C_{15}H_{32}$	0.05	0.02	/
25	γ－雪松烯	$C_{15}H_{24}$	0.38	0.15	0.20
26	油酸酰胺	$C_{18}H_{35}NO$	0.18	0.17	1.11
27	α－古巴烯	$C_{15}H_{24}$	0.04	0.03	/
28	邻苯二甲酸二乙酯	$C_{12}H_{14}O_4$	/	/	0.09
29	十六烷	$C_{16}H_{34}$	0.06	0.02	/
30	γ－十一烷酸内酯	$C_{11}H_{20}O_2$	0.03	/	/
31	十七烷	$C_{17}H_{36}$	0.09	0.06	0.07
32	1－十四碳烯	$C_{14}H_{28}$	/	0.04	/
33	肉豆蔻酸	$C_{14}H_{28}O_2$	0.09	0.20	/
34	肉豆蔻酸乙酯	$C_{16}H_{32}O_2$	0.06	0.33	0.40
35	十八烷	$C_{18}H_{38}$	0.08	/	/
36	(E)－13－甲基－11－十四碳烯醇乙酸盐	$C_{17}H_{32}O_2$	0.05	0.06	/
37	6,10,14－三甲基十五烷－2－酮	$C_{18}H_{36}O$	0.10	0.05	0.07
38	十五烷酸	$C_{15}H_{30}O_2$	/	0.04	/
39	2－甲基十六烷酸甲酯	$C_{18}H_{36}O_2$	/	0.02	/
40	金合欢基丙酮 C	$C_{18}H_{30}O$	0.15	0.07	/
41	棕榈酸甲酯	$C_{17}H_{34}O_2$	/	/	0.63
42	12－甲基十五内酯	$C_{16}H_{30}O_2$	/	0.27	/
43	棕榈酸	$C_{16}H_{32}O_2$	13.63	16.03	1.09
44	棕榈酸乙酯	$C_{18}H_{36}O_2$	/	/	1.75
45	棕榈酸异丙酯	$C_{19}H_{38}O_2$	/	/	0.11
46	(E,E,E)－3,7,11,15－四甲基十六烷－1,3,6,10,14－五烯	$C_{20}H_{32}$	0.38	/	/
47	反亚油酸甲酯	$C_{19}H_{34}O_2$	0.12	0.08	1.55
48	油酸甲酯	$C_{19}H_{36}O_2$	0.20	/	1.41
49	叶绿醇	$C_{20}H_{40}O$	/	0.43	0.71
50	硬脂酸甲酯	$C_{19}H_{38}O_2$	/	/	0.35

续表

序号	化合物名称	分子式	相对含量（%）		
			石油醚提取物	乙酸乙酯提取物	95%乙醇提取物
51	7,10－十八烷二烯酸甲酯	$C_{19}H_{34}O_2$	/	/	0.18
52	十八烷酸乙酯	$C_{20}H_{40}O_2$	/	/	0.68
53	亚油酸	$C_{18}H_{32}O_2$	45.36	39.62	12.3
54	硬脂酸	$C_{18}H_{36}O_2$	2.54	3.34	/
55	硬脂酰胺	$C_{18}H_{37}NO$	1.56	2.32	/
56	3－甲氧基－6－氮杂－1,3,5（10),6,8（9）－五烯－17－酮	$C_{18}H_{19}NO_2$	0.64	0.31	0.67
57	N,N′－联乙酰基－1,12－十二烷二元胺	$C_{16}H_{32}N_2O_2$	0.27	0.23	0.28
58	油酸酰胺	$C_{18}H_{35}NO$	/	/	0.48
59	新松香酸	$C_{20}H_{30}O_2$	1.78	1.24	2.42
60	1－亚油酸单甘油酯	$C_{21}H_{38}O_4$	1.01	0.27	/
61	邻苯二甲酸二（2－乙基己基）酯	$C_{24}H_{38}O_4$	0.13	/	/
62	壬酸香草酰胺	$C_{17}H_{27}NO_3$	0.26	0.25	0.12
63	辣椒素	$C_{18}H_{27}NO_3$	10.72	16.81	29.66
64	二氢辣椒碱	C18H29NO3	4.36	6.58	11.79
65	1－[（3－甲氧基－4－乙酰基苯基）甲基氨基甲酰]－7－甲基辛烷	$C_{20}H_{31}NO_4$	0.38	0.59	0.66
66	二十二烷	$C_{22}H_{46}$	0.22	0.16	/
67	二十五烷	$C_{25}H_{52}$	0.33	0.22	/
68	角鲨烯	$C_{30}H_{50}$	0.54	0.27	0.33
69	4′,6′－二氧代螺环［环己胺－1,5′（6′H）－[4H］吡啶并［3.2.1－jk］咔唑］－1′,3′－二羧酸二甲酯	$C_{24}H_{21}NO_6$	0.15	0.10	0.13
70	二十九烷	$C_{29}H_{60}$	0.99	0.50	0.29
71	4′,7′－二氧代螺环［环己胺－1,5′（6′H）－[4H］吡啶并［3,2,1－jk］咔唑］－1′,3′－二羧酸二甲酯	$C_{24}H_{21}NO_7$	/	1.10	/
72	蜂花烷	$C_{30}H_{62}$	0.35	0.19	2.87
73	金发藓素 E	$C_{25}H_{20}O_6$	/	0.31	3.75
74	1,4－萘醌,2,2′－（3－甲基丁胺）双－4－羟基	$C_{25}H_{20}O_7$	/	1.31	/
75	三十一烷	$C_{31}H_{64}$	1.07	0.59	4.98

续表

序号	化合物名称	分子式	相对含量（%）		
			石油醚提取物	乙酸乙酯提取物	95%乙醇提取物
76	维生素 E	$C_{29}H_{50}O_2$	0.85	0.46	0.70
77	维生素 D_2 前体	$C_{28}H_{44}O$	0.41	0.27	0.57
78	菜油甾醇	$C_{28}H_{48}O$	1.07	0.67	1.99
79	豆甾醇	$C_{29}H_{48}O$	0.63	0.43	1.17
80	谷甾醇	$C_{29}H_{50}O$	3.40	1.75	5.22
81	岩藻甾醇	$C_{29}H_{48}O$	0.34	0.14	0.59

2.6 几种辣椒提取物的体外抑菌作用

作者团队研究并比较了海南地区几种主要辣椒提取物的体外抑菌效果。采集市场上的红辣椒、青线椒、黄灯笼辣椒，剪开、去蒂，烘干粉碎。使用超临界二氧化碳萃取方法进行萃取，设定压力为 23 MPa、温度为 50 ℃、二氧化碳流量为 45 L/h，连续萃取 90 min，得到 3 种辣椒提取物，再采用高效液相色谱法对辣椒素类物质的含量进行测定。

3 种辣椒提取物中辣椒素类物质含量见表 2.6。黄灯笼辣椒提取物中辣椒碱含量最高，占提取物总成分的 53%。

表 2.6 3 种辣椒提取物中辣椒素类物质含量（mg/mL）

辣椒品种	辣椒碱	二氢辣椒碱	其他辣椒素类物质
红辣椒	2.82	0.60	2.58
青线椒	2.28	0.78	2.94
黄灯笼辣椒	3.18	0.36	2.46

进一步分析测定，3 种辣椒提取物对鸡大肠菌、鸡沙门氏菌和鸡金黄色葡萄球菌的抑制效果见表 2.7 至表 2.9。

表 2.7 3 种辣椒提取物对鸡大肠杆菌的抑制效果

辣椒品种	浓度（mg/mL）								阳性对照	阴性对照
	3.000	1.500	1.200	0.900	0.750	0.600	0.450	0.375		
青线椒	−	−	−	−	−	+	++	++	++	−
黄灯笼辣椒	−	−	−	−	−	−	+	++	++	−

续表

辣椒品种	浓度（mg/mL）								阳性对照	阴性对照
	3.000	1.500	1.200	0.900	0.750	0.600	0.450	0.375		
红辣椒	−	−	−	−	+	++	++	++	++	−

注："−"和"+"表示肉眼观察试管内培养基的浑浊程度，余同。

表 2.8　3 种辣椒提取物对鸡沙门氏菌的抑制效果

辣椒品种	浓度（mg/mL）								阳性对照	阴性对照
	1.500	1.200	0.900	0.750	0.600	0.450	0.375	0.300		
青线椒	−	−	−	−	−	+	+	+	+	−
黄灯笼辣椒	−	−	−	−	−	−	+	+	+	−
红辣椒	−	−	+	+	+	+	+	+	+	−

表 2.9　3 种辣椒提取物对鸡金黄色葡萄球菌的抑制效果

辣椒品种	浓度（mg/mL）								阳性对照	阴性对照
	1.50	1.20	0.90	0.75	0.60	0.45	0.30	0.15		
青线椒	−	−	−	+	+	+	+	+	+	−
黄灯笼辣椒	−	−	+	+	+	−	+	+	+	−
红辣椒	−	−	+	+	+	+	+	+	+	−

3 种辣椒提取物对 3 种致病菌的最低抑菌浓度（Minimum Inhibitory Concentration，MIC）和最低杀菌浓度（Minimum Bactericidal Concentration，MBC）见表 2.10。

表 2.10　3 种辣椒提取物对 3 种致病菌的 MIC 和 MBC（mg/mL）

辣椒品种	鸡大肠杆菌		鸡沙门氏菌		鸡金黄色葡萄球菌	
	MIC	MBC	MIC	MBC	MIC	MBC
青线椒	0.75	0.90	0.60	0.75	0.90	1.20
黄灯笼辣椒	0.60	0.75	0.45	0.60	1.20	1.50
红辣椒	0.90	1.20	1.20	1.50	1.20	1.50

结果表明，超临界二氧化碳萃取法得到的青线椒、红辣椒和黄灯笼辣椒提取物对鸡大肠杆菌、沙门氏菌和金黄色葡萄球菌均具有一定的抑制作用。其中，青线椒提取物对鸡大肠杆菌、鸡沙门氏菌和鸡金黄色葡萄球菌的最低抑菌浓度分别为 0.75 mg/mL、0.60 mg/mL 和 0.9 mg/mL，最低杀菌浓度分别为 0.90 mg/mL、0.75 mg/mL 和 1.20 mg/mL；黄灯笼辣椒提取物对鸡大肠杆菌、鸡沙门氏菌和鸡金黄色葡萄球菌的最低抑菌浓度分别为 0.60 mg/mL、0.45 mg/mL 和 1.20 mg/mL，最低杀菌浓度分别为 0.75 mg/mL、0.60 mg/mL 和1.50 mg/mL；红辣椒提取物对鸡大肠杆菌、鸡沙门氏菌和鸡金黄色葡萄球菌的最低抑菌浓度分别为 0.90 mg/mL、1.20 mg/mL 和 1.20 mg/mL，最

低杀菌浓度分别为 1.20 mg/mL、1.50 mg/mL 和 1.50 mg/mL。

2.7 黄灯笼辣椒提取物在文昌鸡日粮中的应用

作者团队将通过超临界二氧化碳萃取法得到的黄灯笼辣椒提取物进行旋转蒸发、真空干燥，得到膏状物，然后与二氧化硅粉按质量比 1∶1 混合，充分混匀后即制得黄灯笼辣椒提取物粉剂，用于向饲料中添加。

集中将 180 只 1 日龄文昌鸡育雏 2 周后，随机分为 4 个处理组，每个处理组 3 个重复，每个重复 15 只鸡，分别在基础日粮中添加 0 mg/kg、100 mg/kg、200 mg/kg 和 400 mg/kg 黄灯笼辣椒提取物粉剂。3～5 周饲喂雏鸡料，6～11 周饲喂成鸡料。检测分析日粮中添加黄灯笼辣椒提取物对文昌鸡生长性能、屠宰性能、血液指标、免疫功能及肉品质的影响。

在本试验中，在基础日粮中添加黄灯笼辣椒提取物对 3～5 周龄和 6～8 周龄文昌鸡的平均采食量、平均日增重和料肉比均无显著影响，但实验组平均日增重随添加剂量的增加呈增加趋势。在 3～11 周的全期试验中，黄灯笼辣椒提取物对文昌鸡的平均日增重、料肉比无显著影响，但 T100 组有较高的平均日采食量，实验组料肉比相对于对照组有下降趋势。饲料中添加黄灯笼辣椒提取物对文昌鸡 3～11 周生长性能的影响见表 2.11。

表 2.11 饲料中添加黄灯笼辣椒提取物对文昌鸡 3～11 周生长性能的影响

周龄	项目	组别			
		T0 组	T100 组	T200 组	T400 组
3～5 周	始重（g）	103.9±0.9	101.3±1.6	101.1±0.3	100.7±0.3
	末重（g）	325.0±6.0	319.5±9.6	318.9±8.7	318.0±2.0
	平均日采食量（g）	26.8±2.6	23.9±1.3	23.8±1.6	23.6±3.3
	平均日增重（g）	10.5±0.7	10.4±0.4	10.4±0.4	10.3±0.5
	料肉比	2.6±0.3	2.3±0.2	2.3±0.1	2.3±0.4
6～8 周	始重（g）	325.0±6.0	319.5±9.6	318.9±8.7	318.0±2.0
	末重（g）	673.6±32.0	688.4±35.4	685.5±31.6	702.1±34.1
	平均日采食量（g）	56.0±1.5	57.5±2.1	53.9±2.3	52.9±1.9
	平均日增重（g）	16.6±0.9	17.6±1.4	17.5±2.1	18.4±1.9
	料肉比	3.4±0.2	3.3±0.4	3.1±0.3	2.9±0.2

续表

周龄	项目	组别			
		T0 组	T100 组	T200 组	T400 组
9～11 周	始重（g）	673.6±32.0	688.4±35.4	685.5±31.6	702.1±34.1
	末重（g）	1081.4±39.4	1086.6±37.7	1063.9±34.7	1085.9±15.2
	平均日采食量（g）	79.2±1.0[b]	80.3±0.9[ab]	74.7±0.8[c]	81.7±1.0[a]
	平均日增重（g）	20.4±1.2	19.9±0.4	18.9±1.8	19.2±1.1
	料肉比	3.9±0.4	4.0±0.1	3.9±0.5	4.3±0.3
3～11 周	平均日采食量（g）	52.9±0.3[a]	53.5±0.7[a]	51.1±0.4[b]	52.3±0.8[ab]
	平均日增重（g）	15.8±0.7	15.9±0.6	15.5±0.6	15.9±0.2
	料肉比	3.4±0.2	3.4±0.2	3.2±0.1	3.3±0.1

注：肩标不同的小写字母表示差异显著，$P<0.05$。

饲料中添加黄灯笼辣椒提取物对文昌鸡屠宰性能的影响见表 2.12，发现添加黄灯笼辣椒提取物对文昌鸡的全净膛率、腿肌率、腹脂率均无显著影响，有降低屠宰率的趋势。

表 2.12 饲料中添加黄灯笼辣椒提取物对文昌鸡屠宰性能的影响

项目	组别			
	T0 组	T100 组	T200 组	T400 组
活体重（kg）	1.17±0.10[ab]	1.30±0.03[a]	1.13±0.04[b]	1.11±0.06[b]
屠体重（kg）	1.07±0.07	1.16±0.03	0.99±0.02	0.89±0.15
屠宰率（%）	92.86±1.08[a]	89.30±0.36[b]	87.90±1.04[b]	88.59±0.93[b]
全净膛重（kg）	0.77±0.08	0.86±0.01	0.72±0.02	0.72±0.16
全净膛率（%）	65.50±1.14	65.87±1.11	63.76±0.77	64.60±0.84
腿肌率（%）	23.63±1.30	25.22±0.25	23.58±1.51	25.61±0.11
胸肌率（%）	14.97±1.89[ab]	17.09±1.40[a]	12.59±1.64[b]	15.28±1.06[ab]
腹脂率（%）	3.51±0.30	4.04±0.73	3.32±0.19	3.12±0.48
肝脏指数（%）	4.69±0.34[ab]	4.45±0.11[b]	5.29±0.32[a]	4.66±0.26[ab]

注：肩标不同的小写字母表示差异显著，$P<0.05$。

饲料中添加黄灯笼辣椒提取物对文昌鸡肉质的影响见表 2.13，发现添加黄灯笼辣椒提取物可显著降低文昌鸡胸肌滴水损失，对 pH、粗脂肪、剪切力无显著影响。

表 2.13　饲料中添加黄灯笼辣椒提取物对文昌鸡肉质的影响

项目		组别			
		T0 组	T100 组	T200 组	T400 组
胸肌	pH_{45min}	6.25±0.17	6.07±0.13	6.21±0.18	6.05±0.15
	pH_{24h}	6.00±0.12	5.75±0.05	5.81±0.11	5.84±0.10
	滴水损失（%）	2.02±0.39[a]	1.99±0.15[a]	1.01±0.04[b]	0.98±0.06[b]
	粗脂肪（%）	2.10±0.19	2.24±0.40	2.01±0.16	2.21±0.35
	剪切力（N）	33.79±7.08	39.59±7.39	41.91±3.66	47.56±3.81
腿肌	pH_{45min}	6.62±0.14	6.55±0.19	6.55±0.12	6.51±0.02
	pH_{24h}	6.51±0.04	6.41±0.13	6.41±0.06	6.40±0.04
	滴水损失（%）	1.04±0.11	0.91±0.12	0.90±0.09	0.80±0.07
	粗脂肪（%）	9.48±0.22	11.15±2.92	10.3±51.14	10.93±2.14
	剪切力（N）	19.26±2.95	22.85±3.29	23.13±4.73	22.65±4.37

注：肩标不同的小写字母表示差异显著，$P<0.05$。

饲料中添加黄灯笼辣椒提取物对 11 周龄文昌鸡血液生化指标的影响见表 2.14，发现添加黄灯笼辣椒提取物对 11 周龄文昌鸡血液生化指标均无显著影响。

表 2.14　饲料中添加黄灯笼辣椒提取物对 11 周龄文昌鸡血液生化指标的影响

项目	组别			
	T0 组	T100 组	T200 组	T400 组
总蛋白（g/L）	35.97±3.79	32.27±2.11	37.90±2.26	34.73±7.58
白蛋白（g/L）	15.37±0.74	15.13±0.32	15.87±1.03	14.83±2.15
球蛋白（g/L）	20.60±3.90	17.13±2.22	22.03±2.84	19.90±5.47
谷丙转氨酶（U/L）	3.00±1.00	3.00±1.73	3.67±0.58	2.67±1.15
谷草转氨酶（U/L）	238.33±44.81	230.00±43.55	245.67±35.53	231.00±56.56
乳酸脱氢酶（U/L）	2335±303	1864±157	1751±417	1991±337
总胆固醇（mmol/L）	3.14±0.50	3.23±0.15	2.95±0.21	2.93±0.15
高密度脂蛋白（mmol/L）	2.04±0.26	2.16±0.33	2.23±0.42	1.93±0.12
尿素氮（mmol/L）	1.57±0.40	1.03±0.15	0.97±0.21	1.10±0.20
葡萄糖（mmol/L）	11.37±1.48	10.62±1.25	9.55±1.12	11.65±2.97
甲状腺原氨酸（nmol/L）	1.04±0.45	1.36±0.71	1.29±0.43	1.28±0.78
甲状腺素（nmol/L）	20.18±3.54	17.29±5.18	15.83±0.96	22.97±4.73
促甲状腺素（mIU/L）	0.08±0.06	0.05±0.04	0.04±0.02	0.04±0.02
生长激素（ng/mL）	0.16±0.03	0.11±0.02	0.18±0.06	0.17±0.07

饲料中添加黄灯笼辣椒提取物对 11 周龄文昌鸡免疫器官指数的影响见表 2.15，添

加黄灯笼辣椒提取物显著增加了 11 周龄文昌鸡胸腺和法氏囊指数。

表 2.15　饲料中添加黄灯笼辣椒提取物对 11 周龄文昌鸡免疫器官指数的影响

项目	组别			
	T0 组	T100 组	T200 组	T400 组
胸腺	0.34±0.08[c]	0.63±0.09[ab]	0.48±0.06[bc]	0.68±0.07[a]
法氏囊	0.24±0.07[b]	0.32±0.03[ab]	0.36±0.02[a]	0.35±0.04[a]
脾脏	0.22±0.01	0.21±0.08	0.23±0.05	0.21±0.02

注：肩标不同的小写字母表示差异显著，$P<0.05$。

黄灯笼辣椒提取物对 11 周龄文昌鸡血清细胞因子含量的影响见表 2.16，发现添加黄灯笼辣椒提取物使 11 周龄文昌鸡血清中 IL－1 和 IL－2 含量有不同程度提高，对 TNF－α 和 IFN－γ 含量无显著影响。

表 2.16　黄灯笼辣椒提取物对 11 周龄文昌鸡血清细胞因子含量的影响

项目	组别			
	T0 组	T100 组	T200 组	T400 组
IL－1 含量	34.12±0.90[bc]	31.25±3.57[c]	54.56±9.45[ab]	70.54±13.95[a]
IL－2 含量	20.23±1.68[b]	21.26±0.22[b]	25.74±1.11[a]	26.00±1.39[a]
TNF－α 含量	6.63±0.03	6.53±0.17	7.13±0.25	7.81±1.90
IFN－γ 含量	6.38±0.22	6.38±0.37	6.81±0.34	6.59±1.60

注：肩标不同的小写字母表示差异显著，$P<0.05$。

综合考虑，黄灯笼辣椒提取物对鸡致病菌具有较好的抑制作用，对文昌鸡生长性能、血液生化指标无显著影响，能在保持文昌鸡特有风味的同时改善鸡肉口感，保护文昌鸡的脏器功能正常运转和体内血液环境的稳定，多方面提高了文昌鸡免疫功能。研究发现，以添加 400 mg/kg 黄灯笼辣椒提取物粉剂（相当于 200 mg/kg 黄灯笼辣椒提取物）效果最为理想。

参考文献

[1] Akhtar F，Muhammad Sharif H，Arshad Mallick M，et al. Its biological activities and in silico target fishing [J]. Acta Poloniae Pharmaceutica，2017，74 (2)：321－329.

[2] Anand P，Bley K. Topical capsaicin for pain management：therapeutic potential and mechanisms of action of the new high－concentration capsaicin 8% patch [J]. The British Journal of Anaesthesia，2011，107 (4)：490－502.

[3] Berggren J R，Boyle K E，Chapman W H，et al. Skeletal muscle lipid oxidation

and obesity: influence of weight loss and exercise [J]. American Journal of Physiology Endocrinology & Metabolism, 2008, 294 (4): E726—E732.
[4] Cardozo P W, Calsamiglia S, Ferret A, et al. Effects of natural plant extracts on ruminal protein degradation and fermentation profiles in continuous culture [J]. Journal of Animal Science, 2004, 82 (11): 3230—3236.
[5] Cardozo P W, Calsamiglia S, Ferret A, et al. Screening for the effects of natural plant extracts at different pH on in vitro rumen microbial fermentation of a high—concentrate diet for beef cattle [J]. Journal of Animal Science, 2005, 83 (11): 2572—2579.
[6] Castillo M, Martin S M, Roca M, et al. The response of gastrointestinal microbiota to avilamycin, butyrate, and plant extracts in early—weaned pigs [J]. Journal of Animal Science, 2006, 84 (10): 2725.
[7] Hamilton P B. Deposition in egg yolks of the carotenoids from saponified and unsaponified oleoresin of red pepper (Capsicum annuum) fed to laying hens [J]. Poultry Science, 1990, 69 (3): 462—470.
[8] Harper A G, Brownlow S L, Sage S O. A role for TRPV1 in agonist—evoked activation of human platelets [J]. Journal of Thrombosis and Haemostasis, 2009, 7 (2): 330—338.
[9] Hashimoto K, Kawagishi H, Nakayama T, et al. Effect of capsianoside, a diterpene glycoside, on tight-junctional permeability [J]. Biochim Biophys Acta. 1997, 1323 (2): 281—290.
[10] Hayashi K, Shibata C, Nagao M, et al. Intracolonic capsaicin stimulates colonic motility and defecation in conscious dogs [J]. Surgery, 2010, 147 (6): 789—797.
[11] Jensen — Jarolim E, Gajdzik L, Haberl I, et al. Hot spices influence permeability of human intestinal epithelial monolayers [J]. Journal of Nutrition, 1998, 128 (3): 577—581.
[12] Kim S H, Hwang J T, Park H S, et al. Capsaicin stimulates glucose uptake in C2C12 muscle cells via the reactive oxygen species (ROS) /AMPK/p38 MAPK pathway [J]. Biochemical and Biophysical Research Communications, 2013, 439 (1): 66—70.
[13] Lin C H, Lu W C, Wang C W, et al. Capsaicin induces cell cycle arrest and apoptosis in human KB cancer cells [J]. BMC Complementary and Alternative Medicine, 2013, 13 (1): 46—46.
[14] Maji A K, Banerji P. Phytochemistry and gastrointestinal benefits of the medicinal spice, Capsicum annuum L [J]. Journal of Complementary & Integrative Medicine, 2016, 13 (2): 97—122.
[15] Manzanilla E G, Perez J F, Martin M, et al. Dietary protein modifies effect of

plant extracts in the intestinal ecosystem of the pig at weaning [J]. Journal of Animal Science, 2009, 87 (6): 2029—2037.

[16] Mejia L A, Hudson E, Gonzlez de Mejia E, et al. Carotenoid content and vitamin A activity of some common cultivars of mexican peppers (Capsicum annuum) as determined by HPLC [J]. Journal of Food Science, 1988, 53 (5): 1440—1443.

[17] Mittelstadt S W, Nelson R A, Daanen J F, et al. Capsaicin—induced inhibition of platelet aggregation is not mediated by transient receptor potential vanilloid type 1 [J]. Blood Coagulation & Fibrinolysis, 2012, 23 (1): 94—97.

[18] Prakash U N, Srinivasan K. Gastrointestinal protective effect of dietary spices during ethanol—induced oxidant stress in experimental rats [J]. Appl Physiol Nutr Metab, 2010, 35 (2): 134—141.

[19] Pramanik K C, Boreddy S R, Srivastava S K. Role of mitochondrial electron transport chain complexes in capsaicin mediated oxidative stress leading to apoptosis in pancreatic cancer cells [J]. PLoS One, 2011, 6 (5): e20151.

[20] Rodriguez S, Collings, Robinson, et al. The effects of capsaicin on reflux, gastric emptying and dyspepsia [J]. Alimentary Pharmacology & Therapeutics, 2000, 14 (1): 129—134.

[21] Saito M, Yoneshiro T. Capsinoids and related food ingredients activating brown fat thermogenesis and reducing body fat in humans [J]. Current Opinion in Lipidology, 2013, 24 (1): 71—77.

[22] Santamaria R I, Reyes-Duarte M D, Barzana E, et al. Selective enzyme—mediated extraction of capsaicinoids and carotenoids from chili Guajillo Puya (Capsicum annuum L.) using ethanol as solvent [J]. Journal of Agricultural and Food Chemistry, 2000, 48 (7): 3063—3067.

[23] Sekine R, Satoh T, Takaoka A, et al. Antipruritic effects of topical crotamiton, capsaicin, and a corticosteroid onpruritogen — induced scratching behavior [17]. Experimental Dermatology, 2012, 21 (3): 201—204.

[24] Sexton A, McDonald M, Cayla C, et al. 12—Lipoxygenase—derived eicosanoids protect against myocardial ischemia/reperfusion injury via activation of neuronal TRPV1 [J]. Faseb Journal, 2007, 21 (11): 2695—2703.

[25] Smeets A J, Janssens P L, Westerterp M S. Addition of capsaicin and exchange of carbohydrate with protein counteract energy intake restriction effects on fullness and energy expenditure [J]. Journal of Nutrition, 2013, 143 (4): 442—447.

[26] Smeets A J, Westerterp M S. The acute effects of a lunch containing capsaicin on energy and substrate utilisation, hormones, and satiety [J]. European Journal of Nutrition, 2009, 48 (4): 229—234.

[27] Tsuchiya H. Biphasic membrane effects of capsaicin, an active component in Capsicum

species [J]. Journal ofEthnopharmacology, 2001, 75 (2−3): 295−299.

[28] Valussi M. Functional foods with digestion − enhancing properties [J]. International Journal of Food Science & Nutrition, 2012, 63 (S1): 82−89.

[29] Varghese S, Kubatka P, Rodrigo L, et al. Chili pepper as a body weight−loss food. International Journal of Food Sciences and Nutrition, 2017, 68 (4): 392−401.

[30] Vasankari T, Fogelholm M, Kukkonen K, et al. Reduced oxidized low − density lipoprotein after weight reduction in obese premenopausal women [J]. International Journal of Obesity and Related Metabolic Disorders, 2001, 25 (2): 205−211.

[31] Wahba N M, Ahmed A S, Ebraheim Z Z. Antimicrobial effects of pepper, parsley, and dill and their roles in the microbiological quality enhancement of traditional Egyptian Kareish cheese [J]. Foodborne Pathogens and Disease, 2010, 7 (4): 411−418.

[32] Yoshioka M, Imanaga M, Ueyama H, et al. Maximum tolerable dose of red pepper decreases fat intake independently of spicy sensation in the mouth [J]. British Journal of Nutrition, 2004, 91 (6): 991−995.

[33] 董新荣，刘仲华，郭德音，等. 纤维素酶预处理法提取辣椒素的研究 [J]. 食品科学，2007，28 (3): 100−103.

[34] 高艳，欧阳建勋，谢定，等. 辣椒素的提取及其应用研究进展 [J]. 食品与机械，2011，27 (1): 162−165.

[35] 韩占兵，杜改萍，黄炎坤. 饲料中添加辣椒粉对柴鸡蛋黄颜色的影响 [J]. 畜牧与兽医，2012，44 (1): 45−46.

[36] 何四德，李正. 育肥猪日粮添加辣椒粉的饲喂试验 [J]. 畜牧兽医杂志，2006，25 (4): 18−19.

[37] 柯薇. 微波预处理法提取辣椒素的研究 [D]. 南京：南京理工大学，2006.

[38] 黎万寿，陈幸. 辣椒的研究进展 [J]. 中国中医药信息杂志，2002，9 (3): 82−84.

[39] 胡海燕，彭劲甫，黄世亮，等. 分子蒸馏技术用于广藿香油纯化工艺的研究 [J]. 中国中药杂志，2004，12 (4): 320−322，379.

[40] 刘菲菲，王兵，曹建新. 辣椒碱应用研究进展 [J]. 食品工业科技，2012，33 (16): 368−371.

[41] 刘佳，李琼，黄惠芳，等. 海南黄灯笼辣椒油树脂的超临界 CO_2 提取工艺优化及 GC−MS 分析 [J]. 广东农业科学，2015，42 (6): 80−87.

[42] 刘佳，李琼，周汉林，等. 辣椒素在畜禽生产中的应用研究进展 [J]. 热带农业科学，2015，35 (1): 67−71.

[43] 刘佳，李琼，周汉林，等. 日粮中添加黄灯笼辣椒油树脂对文昌鸡屠宰性能和肉品质的影响 [J]. 饲料工业，2015，36 (14): 14−18.

[44] 刘佳，李琼，周璐丽，等. 3 种辣椒超临界提取物的抑菌评价研究 [J]. 热带农业科学，2015，35 (5): 33−37.

[45] 刘佳. 黄灯笼辣椒提取物对文昌鸡生产性能、血液指标和免疫功能的影响研究 [D]. 海南：海南大学，2015.
[46] 刘晓鹏，姜宁. 微波辅助提取辣椒中辣椒素的研究 [J]. 江西师范大学学报（自然科学版），2008，32（3）：286－288，305.
[47] 卢庆萍，张宏福，付静，等. 红辣椒提取物调控小麦型日粮鸡蛋蛋黄色泽的研究 [J]. 动物营养学报，2005，17（2）：28－32.
[48] 吕玲玲，邓峰，袁晓丽. 不同辣椒种质维生素 C 含量的比较 [J]. 种子，2013，32（1）：70－71.
[49] 马黎明，岳炳辉. 辣椒粉对仔猪生长的影响 [J]. 上海畜牧兽医通讯，2006（4）：33.
[50] 彭书练. 辣椒功能成分的综合提取技术研究 [D]. 长沙：湖南农业大学，2007.
[51] 彭书练，夏延斌，丁芳林. 索氏提取法制备辣椒素的工艺研究 [J]. 辣椒杂志，2007（4）：31－33.
[52] 曲亮，徐小林，王克华，等. 辣椒粉对苏禽绿壳蛋鸡产蛋性能、蛋品质、血清脂质和蛋黄胆固醇含量的影响 [J]. 动物营养学报，2014，26（5）：1340－1346.
[53] 田宗祥，张玲清，郭志明，等. 饲料用去籽辣椒粕对 60～90 kg 猪生产性能的影响 [J]. 畜牧与兽医，2012，44（7）：107－108.
[54] 王健华. 海南省 CMV 黄灯笼辣椒分离物的亚组鉴定 [D]. 海南：华南热带农业大学，2004.
[55] 王农. 辣椒素可控制鸡沙门氏菌感染 [J]. 畜牧兽医科技信息，1998（6）：7－8.
[56] 王欣，石汉平. 辣椒素的摄取、代谢与生物学效应 [J]. 肿瘤代谢与营养电子杂志，2018，5（4）：419－423.
[57] 王燕，夏延斌，罗凤莲，等. 辣椒素的分析方法及辣度分级 [J]. 食品工业科技，2006，27（2）：208－210.
[58] 徐永平，王黎，金礼吉，等. 辣椒素的研究和应用 [J]. 大连教育学院学报，2009，25（3）：65－69.
[59] 杨红文，艾玲，雒秋江. 辣椒粉、大蒜素对肉仔鸡生长性能的影响 [J]. 中国家禽，2008，30（19）：48－49.
[60] 詹家荣，施险峰，安国成，等. 辣椒素的制备技术以及应用前景 [J]. 化学试剂，2010，32（5）：417－421.
[61] 张郁松. 碱性乙醇法提取辣椒碱的工艺研究 [J]. 食品研究与开发，2009，30（1）：70－73.
[62] 赵国刚. 日粮中添加天然和人工着色剂对蛋鸭生产性能、蛋品质和鸭蛋着色效率影响的研究 [D]. 南京：南京农业大学，2008.
[63] 钟金凤，许美解，邱伟海，等. 辣椒素对湘黄雏鸡生长性能、血液指标和消化酶活性影响的研究 [J]. 家畜生态学报，2009，30（6）：61－65.
[64] 朱书平. 红辣椒中辣椒素的提取纯化及其检测方法研究 [D]. 长沙：湖南师范大学，2006.

[65] 祝青，李红梅，晏传奇，等. 超临界 CO_2 萃取辣椒素最优工艺参数的研究及含量 HPLC 分析 [J]. 化学与生物工程，2005，22 (4)：40－42.
[66] 李洪福，李海龙，王勇，等. 海南黄灯笼辣椒不同提取物化学成分 GC－MS 分析 [J]. 中国实验方剂学杂志，2013，19 (8)：129－133.

3　姜黄提取物的应用

3.1　姜黄概述

姜黄（*Curcuma longa* L.）又名郁金、宝鼎香、毫命、黄姜等。姜黄为姜科、姜黄属多年生草本植物，株高可达 1.5 m，根茎很发达，根粗壮，末端膨大呈块根。姜黄叶片为长圆形或椭圆形，叶顶端短渐尖。苞片呈卵形或长圆形，淡绿色，顶端钝，花冠呈淡黄色。姜黄主要分布于中国台湾、福建、广东、广西、云南、海南等地区，东亚及东南亚也有广泛栽培。姜黄喜阳光充足、雨量充沛的环境，怕严寒霜冻、干旱积水。种植姜黄以土层深厚、排水良好、疏松肥沃的砂质土壤为佳，用根茎繁殖。种植姜黄按行距 33～40 cm、株距 25～33 cm 开穴，每穴放入姜种 3～5 个，覆盖细土 2～3 cm。种植时用新高脂膜 600～800 倍液喷施土壤表面，可有效防止水分蒸发，防晒抗旱、保温防冻、防土层板结，还可窒息和隔离病虫，提高出苗率。姜黄根茎可用作中药材，其主要成分为姜黄素，是姜黄发挥药理作用的主要活性成分。不同产地的姜黄的姜黄素含量存在较大差异，通常为 2%～9%。

姜黄素是从姜黄、莪术、郁金香等根茎中提取的黄色酸性酚类物质，是姜黄发挥药理作用的主要活性成分。1815 年研究人员首次发现姜黄素，并在 1910 年首次对其进行了化学表征。姜黄色素主要包括姜黄素、去甲氧基姜黄素、双去甲氧基姜黄素等，是一种黄色略带酸性的二苯基庚烃物质的统称。姜黄色素中姜黄素约占 70%，去甲氧基姜黄素约占 10%～20%，双去甲氧基姜黄素约占 10%。姜黄素、去甲氧基姜黄素和双去甲氧基姜黄素的化学结构式如图 3.1 所示。姜黄素是橙黄色的结晶粉末，味稍苦，分子式为 $C_{21}H_{20}O_6$，相对分子质量为 368.39，熔点为 180～183 ℃。姜黄素不溶于水，溶于乙醇、丙二醇，易溶于冰醋酸和碱溶液，在碱性条件下呈红褐色，在中性和酸性条件下呈黄色。姜黄素的化学结构式中包含两个邻甲基化的酚基团，还有一个 β－二酮功能基团。

在过去的几十年里，人们对姜黄素的研究主要集中在抗氧化、抗炎、降脂、癌症化学预防等医药学方面。随着人们环境保护意识和畜产品安全意识的不断提升，抗生素使用不当等问题的日益突出，姜黄素凭借其来源天然、无残留，具有抗氧化、抗炎等作用，成为一种颇具潜力的绿色植物源型添加剂。

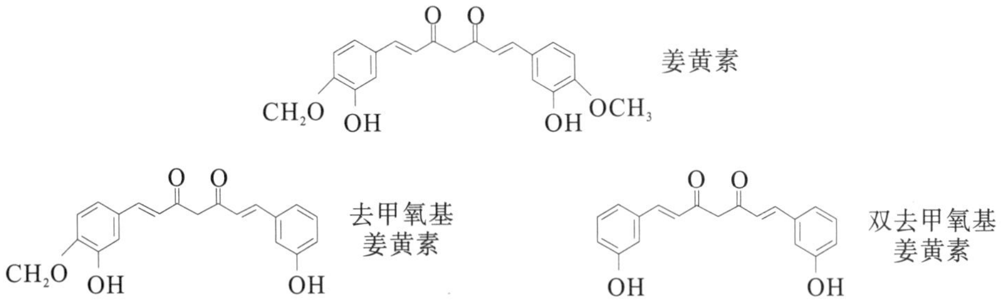

图 3.1　姜黄素、去甲氧基姜黄素和双去甲氧基姜黄素的化学结构式

3.2　姜黄素的作用

3.2.1　姜黄素的抗氧化作用

自由基是机体在新陈代谢过程中产生的一类具有强氧化性的基团，具有调节细胞生长等生理功能，但过多的自由基积累会对动物机体造成损害。姜黄素作为天然抗氧化剂，能及时清除动物机体内过度的自由基，因此受到了学者的广泛关注。

姜黄素的抗氧化作用主要通过两种途径来实现：一方面，姜黄素利用自身结构具有的抗氧化性而发挥作用；另一方面，姜黄素可以作为诱导剂，促进抗氧化信号通路中相关基因的表达，促进抗氧化蛋白和酶类的产生，从而提高机体抗氧化能力。

姜黄素中的酚类结构可以捕捉自由基后形成强稳定性的醌类物质。此外，姜黄素被肠道吸收后，可在细胞中经过氢化作用生成具有强抗氧化性的四氢姜黄素，与自由基结合后降解成为另一种具有抗氧化活性的物质 2′−甲氧基丙酸，此物质可进一步结合自由基而体现出双重抗氧化功能。有研究表明，在 2,2′−偶氮二(2−甲基丙基咪) 二盐酸盐 [2,2′−azobis (2−methylpropionamidine) di−hydrochloride，AAPH] 建立的氧化应激模型中，添加姜黄素可以抑制人体红细胞和鸡红细胞的溶解和凋亡。其原因可能是姜黄素具有脂溶性，从而可以进入细胞膜捕捉自由基，通过抑制自由基介导的脂质过氧化反应对红细胞中的膜结构进行保护。也有研究表明，添加姜黄素对慢性热应激的肉鸡胸肌线粒体肿胀有显著的缓解作用。线粒体在新陈代谢过程中会产生大量的活性氧(Reactive Oxygen Species，ROS)，因此线粒体也是机体内最先遭受自由基损伤的结构，氧化损伤主要针对 DNA 与膜结构中的不饱和脂肪酸。Waseem 等 (2013) 在建立的顺铂诱导的大鼠氧化损伤模型试验中发现，姜黄素可以显著降低线粒体内脂质过氧化水平和蛋白质羰基的含量，减轻应激损伤。Trujillo 等 (2016) 的试验也发现姜黄素对氧化应激造成的纤维化和肾紧密连接蛋白的减少有缓解作用。此外，Dorta 等 (2005) 发现，天然的黄酮类被机体吸收后可特异性聚集在线粒体中，起到保护机体的作用。由此推断，姜黄素可通过捕捉线粒体中的自由基，从而抑制线粒体内脂质的过氧化损伤，起到保护机体免受氧化损伤的作用。

抗氧化反应元件（Antioxidant Responsive Element，ARE）是机体应对 ROS 损伤、生成各类抗氧化蛋白的重要调控元件，而核因子 E2 相关因子 2（Nuclear factor erythroid 2−related factor 2，Nrf2）可以激活 ARE。在正常的生理条件下，Nrf2 存在于细胞质中，最终被降解；氧化应激情况下，Nrf2 改变构象进入细胞核，与 ARE 结合，激活抗氧化酶基因和二项解毒酶等的 RNA 和蛋白质表达，提升机体的抗氧化能力。有研究表明，在砷诱导的氧化损伤中，姜黄素可以上调肝 Nrf2 的蛋白下游基因醌氧化还原酶（NQO1）与血红素氧合酶 1（HO−1）的表达量，进而影响 Nrf2 的表达量，从而缓解机体的抗氧化损伤。Sahin 等（2012）在鹌鹑热应激条件下也发现，姜黄素可以通过调节 Nrf2/HO−1 途径缓解应激损伤。也有研究发现，在氧化应激产生后，添加姜黄素可以显著提高细胞内谷胱甘肽（Glutathione，GSH）的含量，从而起到抗氧化的作用。通过 Nrf2 基因敲除的鼠模型研究发现，缺失 Nrf2 基因使肝细胞 GSH 含量减少。因此，姜黄素能提高 GSH 含量可能也与激活 Nrf2 通路有关。同时，Zheng 等（2007）的研究发现，姜黄素的添加可以直接诱导上调 GSH 合成限制酶−谷胱甘肽半胱氨酸连接酶（Glutathione Cysteine Ligase，GCL）的 mRNA 和蛋白质表达量，进而促进机体内 GSH 的合成，达到提高机体抗氧化能力的效果。然而，也有学者认为，姜黄素可能并不是一种绝对的抗氧化剂。经体外试验结果表明，姜黄素浓度从 1 μmol/L 升高到25 μmol/L的过程中，ROS 水平显著上升，认为可能与姜黄素激活产 ROS 的线粒体酶有关。

3.2.2 姜黄素的抗炎作用

姜黄素发挥抗炎作用的方式主要有两种：一种是通过抑制产生炎性介质的酶类活性，减少炎性介质产生，从而抑制炎性反应；另一种是通过抑制 TNF−α 等炎性因子，阻止其对核转录因子−κB（Nuclear Factor kappa B，NF−κB）信号通路的激活，进而减少炎性因子表达，起到抑制炎症反应的作用。

研究表明，机体内环氧合酶（Cyclooxygenase，COX）和脂肪氧化酶（Lipoxygenase，LOX）可以催化花生四烯酸产生各类前列腺素等炎性介质，引起炎症反应。进一步研究发现，姜黄素与 COX 和 LOX 具有拮抗作用，能够限制炎性介质的产生，达到抗炎效果。此外，一氧化氮（NO）是有关炎症反应重要的信号分子，添加姜黄素可以抑制诱导型一氧化氮合酶在 L−精氨酸转化成 NO 中的催化作用。另外，NF−κB 信号通路是炎症相关的重要信号通路，过多的炎性介质会激活 NF−κB，使其与抑制蛋白−κB（Inhibitor κB，IκB）脱离，进入细胞核激活炎性介质基因的表达，加重炎症反应；肿瘤坏死因子 α（Tumor Necrosis Factor−alpha，TNF−α）是激活 NF−κB 通路的重要炎性因子。据彭景华等（2006）的报道，以姜黄素预处理库普弗细胞（Kuppffer cell，KC）可显著降低脂多糖（Lipopolysaccharide，LPS）诱导产生的白细胞介素（Interleukin，IL）−1β 和 IL−6 水平，对于 TNF−α 的蛋白表达量也有显著的抑制效果。Reuter 等（2010）在研究中也发现，姜黄素可以抑制细胞中众多激活 TNF−α 的相关信号通路。

3.2.3 姜黄素的降脂作用

早在 1971 年就有研究发现，姜黄素具有降脂的作用。之后也有研究发现，给小鼠饲喂高胆固醇食物，同时使用姜黄素治疗 18 周，发现与未使用姜黄素的对照组相比，姜黄素可以降低血浆胆固醇、甘油三酯、低密度脂蛋白和载脂蛋白 B 水平，增加血浆高密度脂蛋白和肝脏载脂蛋白 A 的表达。还有研究发现，在含有 22%脂肪的高脂日粮中添加 500 mg/kg 的姜黄素饲喂雄性 C57BL/6 小鼠 12 周，可以抑制高脂日粮导致的体重增加。并认为这与姜黄素能激活脂肪细胞中能量代谢和脂肪酸 β－氧化的主要开关——磷酸腺苷激活蛋白激酶（Adenosine Monophosphate－activated Protein Kinase，AMPK）有关。经体外试验表明，姜黄素可以活化肉碱棕榈酰转移酶 1（Carnitine Palmitoyl Transferase 1，CPT－1）从而促进氧化，而对于参与脂质生物合成的酶如甘油－3－磷酸酰基转移酶 1（glycerin－3－phosphate transferase，GPAT1）和酰基辅酶 A 羧化酶表现出抑制作用。

3.2.4 姜黄素的抑菌作用

早在 1949 年就有关于姜黄素抗菌作用的研究，证明姜黄素对金黄色葡萄球菌、石癣菌、副伤寒沙门氏菌和结核分歧杆菌都有抑制作用。研究表明，在体外培养试验中添加 100 μmol/L 的姜黄素可抑制 80%的大肠杆菌。Luer 等（2012）的研究也发现，暴露在 100 μmol/L 的姜黄素下，金黄色葡萄球菌和铜绿假单胞菌致死率为 100%。粪肠球菌在 200 μmol/L 的姜黄素中处理 4 h，致死率可以达到 80%。由此可知，姜黄素对于革兰氏阳性菌（金黄色葡萄球菌和粪肠球菌）与革兰氏阴性菌（大肠杆菌和铜绿假单胞菌）都有抑制作用。Tyagi 等（2015）的研究表明，将 10^6 CFU/mL 密度的金黄色葡萄球菌暴露于 100 μmol/L 的姜黄素下，2 h 后金黄色葡萄球菌全部被杀死。以碘化丙锭和钙黄绿素作为荧光探针标记发现，94%～98%金黄色葡萄球菌细胞膜被破坏，出现渗漏。由此可以说明，姜黄素抑菌机制是通过破坏细菌膜结构来实现的。Bazh 等（2013）在试验中发现，姜黄素具有一定的杀虫效果，杀虫效果与其浓度和处理时间有关。Khalafalla 等（2011）的研究表明，与对照组相比，球虫孢子感染性在添加浓度为 100 μmol/L和 200 μmol/L 的姜黄素时分别降低了 41.6%和 72.8%，并且姜黄素剂量低于 400 μmol/L 时对于被感染细胞没有表现出负面影响。因此，姜黄素也是一种潜在的抗虫剂。

3.3 姜黄素的提取工艺

姜黄素的提取工艺主要有溶剂提取法、酸碱提取法、酶提取法、超临界二氧化碳萃取法等。

3.3.1 溶剂提取法

用溶剂提取姜黄中的姜黄素是一种较为传统的提取工艺，常用的提取介质有乙醇、甲醇、碱水等。

在常温或中高温条件下，可用不同浓度的乙醇浸提姜黄素，并辅以超声波、微波、表面活性剂等工艺。吴妙鸿等（2019）采用单因素试验研究了姜黄粒径、液料比、乙醇浓度、超声波发生器的使用时间和功率对姜黄素类化合物提取率的影响，并利用响应面分析优化了姜黄素类化合物得率的提取工艺，结果表明，粒径、液料比和乙醇浓度对姜黄素类化合物的提取率影响显著，超声波发生器的使用时间和功率对提取率影响不显著。利用响应面分析法优化得到最佳提取工艺为粒径 0.18 mm、液料比 76.05 mL/g、乙醇浓度 68.15%，在此条件下的最佳提取率为 1.069%。此外，醇提法的浸提量较大，可用于大规模生产，但提取的时间较长，损耗较大。

回瑞华等（2015）采用回流法从姜黄中提取姜黄素，通过单因素试验和正交试验确定最佳提取条件：以 95%乙醇为提取剂，料液比为 1∶12，回流温度为 80 ℃，回流时间为 60 min，提取次数为 2 次，姜黄素含量为 9.34 mg/g。

周美等（2015）采用正交试验对姜黄中姜黄素的醇提取工艺进行优化，分析乙醇浓度、溶剂用量、提取温度、提取时间对提取效果的影响，并采用高效液相色谱法比较各因素对姜黄素类化合物提取率的影响，结果表明，最佳工艺参数为乙醇浓度 60%、乙醇用量为姜黄的 20 倍、回流 2 h、提取温度 90 ℃，此时姜黄素类化合物的提取率为 3.56%。

刘莉等（2016）分别比较了姜黄素、去甲氧基姜黄素和双去甲氧基姜黄素在 9 种常用提取溶剂中的提取率，结果表明，姜黄素、去甲氧基姜黄素和双去甲氧基姜黄素在甲醇中的提取率最高。

3.3.2 酸碱法

酸碱法主要是利用姜黄素中含有酚羟基易溶于碱的原理，用一定浓度的氢氧化钠溶液提取姜黄素，然后用稀盐酸调节 pH，使姜黄素析出，得到姜黄素粗提物。这种方法得到的姜黄素粗提物易于干燥，提取成本低，但姜黄素易在碱性条件下分解，分解速度从 pH 为 7.45 时开始随着碱性的增强急剧上升，到 pH 为 10.2 时达到最大。用该方法所得的姜黄素产品性质不稳定且收率较低，并且碱提取过程中会溶出大量淀粉，影响下一步精制效果。有研究表明，用 pH 为 9.0～9.5 的氢氧化钠溶液煮沸姜黄，再用盐酸调节其 pH，沉淀出姜黄素，得到的粗提物中姜黄素含量为 5%～6%。

3.3.3 酶提取法

董海丽等（2000）利用纤维素酶、果胶酶组成的复合酶在 pH 为 4.5、温度为 50 ℃时，对过 40 目筛的姜黄粉细胞壁及细胞间质中的纤维素、半纤维素等物质降解

120 min，细胞壁及细胞间质结构发生局部疏松、膨胀等变化，能有效提高姜黄素的提取率，然后升温，再用碱水提取，最后姜黄素得率为 8.10%。酶提取法的优点是提取效率高，但是酶的活性条件要求苛刻，对提取设备及碱提取条件要求高，难以在生产中大规模推广应用。

3.3.4 超临界二氧化碳萃取法

姜黄素具有一定的极性，进行超临界二氧化碳萃取时加入适量的夹带剂（食用乙醇），可以将姜黄素萃取出来。黄惠芳等（2010）对超临界二氧化碳萃取姜黄素的工艺进行了研究，结果表明，萃取釜的萃取压力、夹带剂的使用量对姜黄素萃取率影响较大，但萃取压力为 25 MPa、夹带剂使用量在原料 6 倍以上时，萃取率差异较小；萃取温度对姜黄素的萃取率影响较小，当萃取温度超过 40 ℃时，其萃取率均在 92%以上。试验得出超临界二氧化碳萃取姜黄素的工艺条件为：萃取釜压力为 25 MPa，温度为 45 ℃；夹带剂用量为原料的 6 倍，二氧化碳流量为 350 L/h；分离釜Ⅰ分离压力为 6.0 MPa，分离温度为 40 ℃；分离釜Ⅱ分离压力为 5 MPa，分离温度为 35 ℃，在设定的萃取温度、压力条件下静态萃取 30 min，再循环萃取 4 h，姜黄素的提取率可达 90%以上。但采用超临界二氧化碳萃取法对萃取设备的要求较高，夹带剂的用量较大，难以在大规模生产中应用。

3.4 姜黄提取物在畜禽生产中的应用

3.4.1 姜黄素在家禽生产中的应用

姜黄素具有改善家禽生产性能、提高家禽免疫力的作用。有研究表明，在肉鸡日粮中分别添加 200 mg/kg 和 250 mg/kg 的姜黄素，可使肉鸡全期增重提高 4.48%和 1.59%，料重比降低 7.39%和 6.40%。胡忠泽等（2004）在 1 日龄肉鸡日粮中添加 250 mg/kg 的姜黄素，可以显著提高肉鸡日增重和采食量，降低料重比，说明姜黄素具有促进肉鸡生长的作用。而姜黄素促进肉鸡生长性能的机制，可能是通过刺激肉鸡的肠道消化酶的产生或增强消化酶活性，来提高鸡体的饲粮消化率。也有研究表明，NO 作为 L-精氨酸分解后的重要产物，是肠道中重要的抑制性神经递质，能抑制胃肠蠕动。结合姜黄素抑制炎症的生理功能分析，姜黄素可能通过抑制催化 L-精氨酸转化成 NO 的酶的活性，抑制 NO 的产生，从而促进胃肠蠕动，提高肉鸡的采食量。此外，Zhang 等（2015）研究发现，添加姜黄素有利于缓解应激对肉鸡产生的影响，因此，缓解应激损伤可能也是提高肉鸡生长性能的一个重要原因。胡忠泽等（2004）经进一步研究得出，姜黄素能显著提高肉鸡血清中免疫球蛋白 IgG 的含量，增强对白细胞的吞噬能力，明显提高肉鸡血清的抗氧化性能，显著提高肉鸡的胸腺指数和抗体效价。免疫器官指数反映了免疫器官的状态，姜黄素能促进免疫器官发育的机制可能是通过提升总蛋白水平、提高机体对蛋白质的吸收利用，为免疫器官健康生长提供条件。而抗体水平的提升，则与姜黄素促进胸腺发育、影响 T 淋巴细胞分化成熟，进而提升 T 淋巴细胞刺激 B 淋巴细胞产生抗体的过程有关。

此外，姜黄素可通过调节血脂代谢改变皖江黄鸡体内脂肪代谢相关酶的活性，降低脂肪沉积。祝国强等（2009）在研究姜黄素对肉仔鸡日增重、脂肪代谢与肉品质的影响中发现，姜黄素除了具有上述的作用外，还能改善肉色、提高鸡肉品质。其机制可能与姜黄素的强抗氧化性有关，由于家禽肌肉中主要负责肉色调节的是肌红蛋白，因此肌红蛋白被氧化后可能导致肌肉变色，且肌肉中含较高浓度的多不饱和脂肪酸，易被自由基攻击，引发脂质过氧化反应，积累过氧化产物，最终影响肉质和营养成分。而强抗氧化性的姜黄素可以很好地避免肌红蛋白的过度氧化，也可以防止鲜肉中肌肉细胞过快地氧化坏死。对蛋鸡而言，姜黄素对蛋鸡采食量基本无影响，但能够显著提高其产蛋率，并且，当姜黄素添加量为 150 mg/kg 时，所获得的经济效益最好。综上所述，在饲粮中添加不同水平的姜黄素可以提高肉鸡的生产性能、肌肉品质，增强机体的免疫能力和抗氧化能力，同时还可以提高蛋鸡的产蛋率。

3.4.2 姜黄素在猪生产中的应用

有研究表明，添加姜黄素能够提高猪的饲粮消化率及生产性能，其作用甚至显著优于喹诺酮，其机制可能与姜黄素对肠道的调节作用有关。赵春萍（2015）在对大肠杆菌攻毒仔猪的研究中发现，日粮中添加 300 mg/kg 或 400 mg/kg 的姜黄素可促进仔猪生长，提高仔猪机体的抗氧化性能；可显著增加回肠绒毛高度与隐窝深度的比值，改善回肠上皮黏膜形态，降低肠黏膜通透性，提高紧密连接蛋白及其 mRNA 表达，改善肠黏膜形态结构，保护肠黏膜机械屏障，修复大肠杆菌对肠道造成的损伤；可显著抑制大肠杆菌攻毒导致的仔猪肠黏膜炎症损伤，提高黏膜免疫屏障。由此可见，姜黄素对仔猪肠道的保护为机体养分的消化和吸收以及生产性能的提升提供了条件。同时，抗菌抗虫功能和减少应激影响的作用也是姜黄素能提高猪生产性能的可能机理。周明等（2014）的研究指出，姜黄素可以替代育肥猪饲粮中的喹烯酮，并且能改善肉质，提高免疫学效价，也可以不同程度地降低猪血清 GOT、GPT 活性以及 MDA 的含量，并由试验得出，在育肥猪饲粮中添加 300 mg/kg 的姜黄素最适宜于育肥猪生长性能的提高，而根据血清生化指标，姜黄素在饲粮中最适宜的添加量为 400 mg/kg。

有研究表明，姜黄素可提高猪肉品质。祝国强等（2013）的研究发现，在饲粮中添加 300 mg/kg 和 400 mg/kg 的姜黄素后，瘦肉率和肌肉 pH 显著提高，背膘厚和肌肉滴水损失显著降低，宰后肉质保鲜能力和肌肉品质显著提高。姜黄素对于瘦肉率和背膘厚的调节可能体现在以下两方面：一方面，可能是通过激活谷胱甘肽过氧化物酶，抑制了磷酸戊糖途径的氧化过程，进而影响了脂质合成；另一方面，可能是通过姜黄素降脂的功能促进了脂质的代谢和排出。肌肉内 pH 变化能改变蛋白质的电荷，当猪屠宰后，鲜肉的 pH 会下降并到达等电点，肌肉中蛋白质发生凝固和收缩，产生较多自由水，出现滴水损失。因此，添加姜黄素提高了鲜肉的 pH，可以在一定程度上减少滴水损失，同时凭借其抗氧化性，保持肉质新鲜。综上所述，在猪日粮中添加姜黄素，可以提高猪肠道免疫功能和机体抗氧化性能，改善猪的生长性能并提高肉品质。

3.4.3 姜黄素在反刍动物生产中的应用

姜黄素在反刍动物生产中应用的相关报道较少，有研究表明，在保存反刍动物精液的过程中添加姜黄素可显著提高精子冻存前和解冻后的抗氧化能力、线粒体活性和精子活力，提高精子质量。这是因为精子结构中含有较高浓度不饱和脂肪酸，易受到自由基的破坏，而姜黄素可能利用其脂溶性，进入精子内部，结合冻存冻融过程产生的过量自由基，保护线粒体膜及精子膜结构。

3.4.4 姜黄素在水产养殖中的应用

在鱼类饲料中添加姜黄素，能够促进鱼类生长、提高消化酶活性并改善体色。有研究表明，将不同含量的姜黄素添加到大黄鱼饲料中，随着姜黄素添加量的逐渐提高，在鱼的皮肤及肌肉组织中的含量也随之升高，能显著改善大黄鱼的体色。在基础日粮中添加 500～800 mg/kg 的姜黄素，可以显著提高鱼体重增长速度及血清中 SOD 活性，并显著增加肠道中的脂肪酶和肝脏中的谷胱甘肽过氧化物酶，显著降低肝脏中的丙二醛水平。

3.5 姜黄提取物在文昌鸡日粮中的应用研究

作者团队在文昌鸡日粮中添加了姜黄提取物，以对文昌鸡生长性能、屠宰性能、肉品质、血液指标和免疫器官指数的影响进行研究（Wang 等，2015；周璐丽等，2016）。

3.5.1 姜黄提取物的制备

采用超临界二氧化碳萃取法提取姜黄，再将得到的提取物冻干粉碎，最终得到黄色粉状的姜黄提取物，其中姜黄素含量为 86%。

3.5.2 试验设计

将 300 只 1 日龄的文昌鸡雏鸡集中育雏 2 周后随机分为 4 个处理组（分别为 T0 组、T100 组、T200 组和 T300 组），每个处理组 5 个重复，每个重复 15 只鸡。T0 组饲喂基础日粮；T100 组、T200 组和 T300 组分别在基础日粮中添加 100 mg/kg、200 mg/kg 和 300 mg/kg 的姜黄提取物。试验鸡基础日粮的组成及其营养水平见表 3.1，1～5 周饲喂雏鸡料，6～12 周饲喂成鸡料。整个饲养试验期为 12 周，期间正常免疫，按重复分栏饲喂，让试验鸡自由采食和饮水。各组试验鸡所处环境的温度、湿度、光照等均保持一致。

表 3.1　试验鸡基础日粮的组成及其营养水平

项目		前期（1～5 周）	后期（6～12 周）
日粮组成	玉米（%）	61.20	66.00
	豆粕（%）	28.50	25.20
	鱼粉（%）	3.00	2.00
	棕榈油（%）	2.00	1.50
	贝壳粉（%）	0.80	0.80
	食盐（%）	0.35	0.35
	蛋氨酸（%）	0.15	0.15
	预混料（%）	4.00	4.00
营养水平	热能 ME*（MJ/kg）	12.04	12.55
	粗蛋白（%）	19.80	18.10
	粗脂肪（%）	4.40	4.82
	干物质（%）	82.60	82.47
	蛋氨酸+胱氨酸*（%）	0.78	0.70
	磷*（%）	0.33	0.30

①*为计算值。

②预混料中的维生素和矿物质含量（按每 kg 计）：维生素 A，4000 IU；维生素 D_3，800 IU；维生素 E，10 IU；维生素 K_3，0.5 mg；叶酸，0.5 mg；生物素，0.15 mg；铁，80 mg；铜，8 mg；锌，50 mg；锰，80 mg；碘，0.5 mg；硒，0.3 mg；氯化胆碱，800 mg。

试验期按重复逐日统计饲料消耗量，分别于试验开始时、第 5 周末、第 8 周末和第 12 周末清晨，对每组鸡以重复为单位进行称重。计算平均日增重、平均日采食量和料重比。

于第 12 周末清晨，在每个重复随机选取 1 只鸡，称重，颈静脉采血，并收集大约 10 mL血液于离心管中，于 37 ℃静置 2 h，以 3000 r/min 离心 20 min，分离血清，置于 −20 ℃保存。再采用试剂盒法，测定血液生化指标。

分别于第 5 周末、第 8 周末和第 12 周末清晨，在每个重复随机选取 1 只鸡，称重，颈静脉放血，然后剖检，剥离胸腺、法氏囊和脾脏，分别称重，并计算免疫器官指数：

$$免疫器官指数=(脏器质量/体质量)\times 100\%$$

于第 12 周末清晨，在每个重复随机选取 1 只鸡，称重，颈静脉放血后屠宰，分析检测屠宰性能。分离胸肌和腿肌，分析测定胸肌和腿肌的肉品质，包括 pH、肌间脂肪含量、滴水损失等。

3.5.3 日粮中添加姜黄提取物对文昌鸡生长性能的影响

日粮中添加姜黄提取物对第 5 周、第 8 周和第 12 周龄文昌鸡的活重均无显著影响。日粮中添加 100 mg/kg 的姜黄提取物显著提高了平均 8～12 周文昌鸡日平均增重（$P<0.05$），日粮中添加姜黄提取物对文昌鸡平均日采食量影响显著（$P<0.05$），日粮中添加 300 mg/kg 的姜黄提取物组文昌鸡采食量较低。日粮添加姜黄提取物对第 2～8 周文昌鸡料重比无显著影响（$P>0.05$），但能显著降低第 8～12 周文昌鸡料重比（$P<0.05$）。姜黄提取物对文昌鸡生长性能的影响见表 3.2。

表 3.2 姜黄提取物对文昌鸡生长性能的影响

指标		处理组			
		T0 组	T100 组	T200 组	T300 组
活重（g）	第 5 周	357.30±1.58	347.35±8.16	342.25±16.46	340.55±16.18
	第 8 周	680.54±18.78	675.48±29.65	659.03±34.79	638.37±40.20
	第 12 周	1028.13±6.09	1142.48±56.05	1107.28±64.92	1037.56±42.84
平均日增重（g）	第 2～5 周	12.07±0.08	11.66±0.36	11.41±1.64	11.30±2.09
	第 5～8 周	16.16±1.00	16.41±1.32	15.84±0.35	14.89±4.31
	第 8～12 周	11.99±0.62[b]	16.10±0.94[a]	15.46±1.26[a]	13.77±0.84[ab]
	第 2～12 周	13.19±0.08	14.81±0.80	14.31±0.91	13.32±0.60
平均日采食量（g）	第 2～5 周	29.86±0.62[a]	28.45±0.14[ab]	28.11±1.34[ab]	27.65±0.37[b]
	第 5～8 周	50.88±0.80[a]	48.30±2.64[a]	47.01±3.11[a]	40.49±2.07[b]
	第 8～12 周	61.14±0.94[bc]	65.57±1.27[ab]	69.16±2.71[a]	60.25±1.60[c]
	第 2～12 周	46.81±0.24[a]	47.21±1.11[a]	48.29±1.90[a]	42.80±0.14[b]
料重比（g/g）	第 2～5 周	2.47±0.06	2.44±0.07	2.49±0.29	2.50±0.43
	第 5～8 周	3.16±0.24	2.95±0.25	2.97±0.19	2.87±0.80
	第 8～12 周	5.11±0.22[a]	4.08±0.17[c]	4.49±0.25[b]	4.38±0.16[bc]
	第 2～12 周	3.55±0.03[a]	3.19±0.13[b]	3.38±0.14[ab]	3.22±0.14[b]

注：肩标不同的小写字母表示差异显著，$P<0.05$。

3.5.4 日粮中添加姜黄提取物对文昌鸡屠宰性能的影响

日粮中添加姜黄提取物，显著增加了文昌鸡胸肌重和胸肌率（$P<0.05$），并显著降低了文昌鸡腹脂率（$P<0.05$）。对屠宰率、全净膛率、腿肌率无显著影响（$P>0.05$）。姜黄提取物对文昌鸡屠宰性能的影响见表 3.3。

表 3.3 姜黄提取物对文昌鸡屠宰性能的影响

指标	处理组			
	T0 组	T100 组	T200 组	T300 组
活重（kg）	0.97±0.13	1.19±0.06	1.13±0.12	1.09±0.02
屠体重（kg）	0.88±0.11	1.08±0.05	0.97±0.15	1.00±0.03
屠宰率（%）	90.56±1.74	90.70±0.30	85.72±4.70	91.25±1.01
全净膛重（kg）	0.65±0.08	0.79±0.03	0.77±0.09	0.75±0.02
全净膛率（%）	66.75±1.36	66.46±0.96	68.06±2.13	68.80±1.04
胸肌重（g）	103.63±11.95[b]	140.25±3.92[a]	130.66±16.54[ab]	135.48±3.21[a]
胸肌率（%）	16.08±0.22[c]	17.81±0.33[ab]	16.92±0.17[bc]	18.00±0.58[a]
腿肌重（g）	122.95±17.66	156.72±5.72	151.56±20.82	156.91±3.06
腿肌率（%）	19.05±0.97	19.90±0.44	19.65±1.05	20.85±1.00
腹脂率（%）	3.41±0.36[a]	2.06±0.26[b]	1.63±0.44[b]	1.56±0.36[b]

注：肩标不同的小写字母表示差异显著，$P<0.05$。

3.5.5 日粮中添加姜黄提取物对文昌鸡肉品质的影响

日粮中添加 300 mg/kg 的姜黄提取物，可显著降低文昌鸡胸肌和腿肌的滴水损失（$P<0.05$），对肉的 pH 和肌间脂肪含量无显著影响（$P>0.05$）。姜黄提取物对文昌鸡肉品质的影响见表 3.4。

表 3.4 姜黄提取物对文昌鸡肉品质的影响

指标		处理组			
		T0 组	T100 组	T200 组	T300 组
胸肌	pH_{45min}	6.18±0.22	6.16±0.22	5.99±0.17	6.00±0.15
	pH_{24h}	5.67±0.12	5.65±0.17	5.61±0.04	5.56±0.02
	滴水损失（%）	2.41±0.07[a]	2.33±0.10[a]	2.22±0.07[a]	1.77±0.08[b]
	肌间脂肪（%）	2.27±0.73	2.21±0.27	2.47±0.57	2.24±0.72
腿肌	pH_{45min}	6.28±0.18	6.19±0.23	6.06±0.13	6.03±0.12
	pH_{24h}	5.86±0.13	5.78±0.11	5.74±0.09	5.62±0.04
	滴水损失（%）	2.28±0.10[a]	2.19±0.04[a]	2.16±0.08[a]	1.92±0.06[b]
	肌间脂肪（%）	2.57±0.23	2.22±0.17	2.54±0.38	2.42±0.36

注：肩标不同的小写字母表示差异显著，$P<0.05$。

3.5.6　日粮中添加姜黄提取物对文昌鸡机体抗氧化性能的影响

日粮中添加姜黄提取物，增加了文昌鸡血清中 SOD 和 GSH－Px 的含量，降低了 MDA 的含量，表明姜黄提取物可提高文昌鸡机体的抗氧化性能。姜黄提取物对文昌鸡机体抗氧化性能的影响见表 3.5。

表 3.5　姜黄提取物对文昌鸡机体抗氧化性能的影响

指标		处理组			
		T0 组	T100 组	T200 组	T300 组
第 5 周	SOD（U/mL）	115.85±8.86^{b}	134.47±9.19^{ab}	133.36±9.14^{ab}	143.23±6.68^{a}
	GSH－Px（U/mL）	653.68±26.46^{b}	761.71±58.36^{a}	789.49±35.91^{a}	785.47±37.77^{a}
	MDA（nmol/mL）	5.34±0.76^{a}	3.91±0.13^{b}	3.05±0.24^{bc}	2.30±0.35^{c}
第 8 周	SOD（U/mL）	130.71±5.82^{b}	146.61±4.53^{a}	149.73±3.64^{a}	147.19±3.30^{a}
	GSH－Px（U/mL）	449.13±23.96^{b}	630.31±37.91^{a}	654.51±36.13^{a}	678.99±13.73^{a}
	MDA（nmol/mL）	6.13±0.20^{a}	4.47±0.11^{b}	4.02±0.18^{c}	4.12±0.07^{bc}
第 12 周	SOD（U/mL）	142.02±4.94^{b}	153.05±5.91^{ab}	156.60±8.17^{ab}	162.58±8.46^{a}
	GSH－Px（U/mL）	728.22±76.21	806.73±21.79	837.38±54.82	840.12±30.84
	MDA（nmol/mL）	15.06±4.08^{a}	12.42±1.49^{ab}	10.82±0.62^{ab}	7.53±0.69^{b}

注：肩标不同的小写字母表示差异显著，$P<0.05$。

3.5.7　日粮中添加姜黄提取物对文昌鸡免疫功能的影响

日粮中添加姜黄提取物，可显著增加第 12 周文昌鸡胸腺指数、脾脏指数和法氏囊指数（$P<0.05$）。姜黄提取物对文昌鸡免疫器官指数的影响见表 3.6。

表 3.6　姜黄提取物对文昌鸡免疫器官指数的影响

指标		处理组			
		T0 组	T100 组	T200 组	T300 组
第 5 周	胸腺指数（%）	0.70±0.02	0.78±0.09	0.74±0.09	0.81±0.03
	脾脏指数（%）	0.27±0.01^{ab}	0.29±0.02^{a}	0.23±0.01^{bc}	0.22±0.02^{c}
	法氏囊指数（%）	0.38±0.01	0.36±0.02	0.41±0.06	0.40±0.04
第 8 周	胸腺指数（%）	0.59±0.0.2^{b}	0.60±0.03^{b}	0.77±0.06^{a}	0.61±0.06^{ab}
	脾脏指数（%）	0.20±0.01	0.28±0.07	0.24±0.03	0.21±0.02
	法氏囊指数（%）	0.36±0.02^{ab}	0.20±0.01^{c}	0.29±0.05^{bc}	0.45±0.09^{a}

续表

指标		处理组			
		T0 组	T100 组	T200 组	T300 组
第 12 周	胸腺指数（%）	0.19±0.03^{b}	0.29±0.01^{a}	0.27±0.02^{ab}	0.35±0.06^{a}
	脾脏指数（%）	0.24±0.08^{b}	0.31±0.07^{b}	0.23±0.03^{b}	0.47±0.01^{a}
	法氏囊指数（%）	0.21±0.36^{b}	0.36±0.03^{a}	0.22±0.01^{b}	0.28±0.04^{ab}

注：肩标不同的小写字母表示差异显著，$P<0.05$。

日粮中添加姜黄提取物，可显著增加文昌鸡肠道黏膜抗炎细胞因子 IL－6 和 IL－10 的 mRNA 表达（$P<0.05$），而降低致炎细胞因子 IL－1 和 TNF－α 的 mRNA 表达（$P<0.05$）。姜黄提取物对文昌鸡肠道黏膜细胞因子 mRNA 表达的影响见表 3.7。

表 3.7　姜黄提取物对文昌鸡肠道黏膜细胞因子 mRNA 表达的影响

指标	处理组			
	T0 组	T100 组	T200 组	T300 组
IL－1	1.00±0.03^{a}	0.67±0.06^{b}	0.50±0.02^{c}	0.23±0.05^{d}
TNF－α	1.00±0.15^{a}	0.93±0.04^{ab}	0.85±0.05^{b}	0.62±0.06^{c}
IL－6	1.00±0.13^{c}	1.27±0.10^{b}	1.52±0.10^{a}	1.62±0.06^{a}
IL－10	1.00±0.12^{d}	1.20±0.03^{c}	1.92±0.13^{b}	2.62±0.06^{a}

注：肩标不同的小写字母表示差异显著，$P<0.05$。

试验结果表明，在日粮中添加姜黄提取物可以提高文昌鸡机体抗氧化性能和免疫功能，进而改善其生长性能。同时，可有效降低文昌鸡的腹脂率和肌肉滴水损失。

3.6　姜黄提取物对畜禽病原菌的抑制作用

周云晓等（2016）采用水蒸气蒸馏法和索氏提取法提取姜黄挥发油，再采用 80%乙醇浸提、结晶的方法制备姜黄素，最后利用滤纸片固相扩散法研究了 3 种姜黄提取物对 6 种畜禽病原菌（致病性大肠杆菌、金黄色葡萄球菌、鸡白痢沙门菌、猪伤寒沙门菌、猪链球菌、志贺氏菌）的抑菌活性。同时，利用平板涂布法研究了姜黄提取物对 6 种病原菌的最低抑菌浓度。

3.6.1　姜黄提取物的制备及测试方法

1. 姜黄挥发油的提取

（1）水蒸气蒸馏法提取姜黄挥发油。

取粉碎至 40 目的姜黄粉末 50 g，置于 1000 mL 平底烧瓶中，加入适量的蒸馏水使其润湿，水蒸气蒸馏约 4 h，收集水－姜黄挥发油馏出液；将馏出液转移至分液漏斗中，用石油醚（30～60 ℃）分次萃取；往萃取液中加入适量的无水硫酸钠低温干燥 24 h 过滤；旋转蒸发滤液除去滤液中的石油醚，收集挥发油并称重。

（2）索氏提取法提取姜黄挥发油。

取粉碎至 40 目的姜黄粉末 50 g，用滤纸包成小包放入索氏提取器中；往提取器内加入石油醚 200 mL，然后固定在铁架台上，置于 55～60 ℃恒温水浴锅中，同时冷凝水回流至提取器中；直至液体无色后取出提取液，加无水硫酸钠低温干燥 24 h 过滤，旋转蒸发除去滤液中的石油醚，收集挥发油并称重。

2. 姜黄素的提取

取粉碎至 40 目的姜黄粉与 80％乙醇以质量体积比为 1∶5 至 1∶10 混合均匀，提取2 h，过滤并收集滤液，重复提取 3 次。将 3 次提取的滤液合并，浓缩至饱和，置于 4 ℃结晶，收集晶体，得纯度≥95％的精制姜黄素。

3. 姜黄提取物对畜禽病原菌的抑制测试

分别将各供试菌从 4 ℃冰箱中取出接种到新鲜斜面培养基上，活化后用无菌接种环从斜面培养基上分别挑取供试菌。将挑取的供试菌接种至 LB 液体培养基中振荡培养 24 h。通过平板计数法确定菌悬液浓度，待菌悬液浓度为 10^7 CFU・mL^{-1}时停止振荡，备用。

用无菌移液枪吸取上述菌悬液 200 μL 于固体培养基表面，用无菌涂布棒涂布均匀。用无菌镊子夹取已灭菌的圆形滤纸片（直径为 6mm），分别浸于 30 mg・mL^{-1}的姜黄素、姜黄挥发油（索氏提取）、姜黄挥发油（水蒸气蒸馏）中，20 min 后取出、沥干，将上述滤纸片轻轻贴在固体平板上，每个培养皿贴 3 片，每组做 3 个平行。姜黄挥发油以 1％的吐温－80 水溶液作为对照，姜黄素以含有等浓度二甲亚砜的蒸馏水作为对照，同时设置一个无菌滤纸片的培养皿作为空白对照，放入恒温培养箱中，在 37 ℃下培养 24 h，用游标卡尺进行测量，并计算抑菌圈直径的平均值。抑菌圈直径（含滤纸片直径）在 7～9 mm 时为低度敏感抑菌作用，在 10～15 mm 时为中度敏感抑菌作用，抑菌圈直径＞15 mm 时有高度敏感抑菌作用，无抑菌圈或抑菌圈直径＜5 mm 为无抑菌作用。

采用吐温－80 水溶液（1％）稀释成不同浓度（100.000 mg・mL^{-1}、50.000 mg・mL^{-1}、25.000 mg・mL^{-1}、12.500 mg・mL^{-1}、6.250 mg・mL^{-1}、3.125 mg・mL^{-1}、1.560 mg・mL^{-1}、0.780 mg・mL^{-1}）的姜黄挥发油稀释液；将姜黄素以适量二甲亚砜溶解后用蒸馏水配制成不同浓度（100.000 mg・mL^{-1}、50.000 mg・mL^{-1}、25.000 mg・mL^{-1}、12.500 mg・mL^{-1}、6.250 mg・mL^{-1}、3.125 mg・mL^{-1}、1.560 mg・mL^{-1}、0.780 mg・mL^{-1}）的姜黄素溶液。菌悬液与各浓度姜黄挥发油稀释液（或姜黄素溶液）以 1∶1 混合均匀成为混合液。取 0.2 mL混合液置于平板中，涂布均匀，倒置于 37 ℃恒温培养箱中培养 24 h。观察菌体生长情况，生长菌体为阳性（＋），不生长菌体为阴性（－），以不生长菌体的最低浓度作为该成分的最低抑菌浓度（MIC）。姜黄挥发油以 1％的吐温－80 水溶液为对照组，姜黄素以含有等浓度二甲亚砜的蒸馏水为对照，每个处理重复 3 次。

3.6.2 结果与分析

该研究利用滤纸片法，分析了30 mg/mL不同姜黄提取物对致病性大肠杆菌、金黄色葡萄球菌、鸡白痢沙门菌、猪伤寒沙门菌、猪链球菌、志贺氏菌等畜禽致病菌的抑制作用。不同姜黄提取物对供试苗的抑菌效果见表3.8，姜黄挥发油对各供试菌的抑菌效果明显好于姜黄素，而且采用水蒸气蒸馏法提取的姜黄挥发油的抑菌效果明显好于采用索氏提取法提取的姜黄挥发油。致病性大肠杆菌对两种姜黄挥发油均高度敏感，猪伤寒沙门菌和志贺氏菌对采用水蒸气蒸馏法提取的姜黄挥发油也高度敏感；其余菌株对两种姜黄挥发油均为中度敏感。致病性大肠杆菌、鸡白痢沙门菌、猪伤寒沙门菌、志贺氏菌对姜黄素为低度敏感，而金黄色葡萄球菌、猪链球菌则对姜黄素不敏感。

表3.8 不同姜黄提取物对供试苗的抑菌效果（mm）（周云晓等，2016）

种类	姜黄挥发油		姜黄素	对照组
	水蒸气蒸馏法	索氏提取法		
致病性大肠杆菌	17.45±0.27[a]	13.26±0.53[b]	8.35±0.41[c]	—
金黄色葡萄球菌	16.67±0.61[a]	13.17±0.54[b]	3.21±0.27[c]	—
鸡白痢沙门菌	14.35±0.55[a]	11.17±0.43[a]	8.04±0.41[b]	—
猪伤寒沙门菌	15.97±0.70[a]	12.03±0.31[b]	8.57±0.17[c]	—
猪链球菌	14.12±0.32[a]	12.45±0.51[a]	4.24±0.24[b]	—
志贺氏菌	15.83±0.37[a]	13.04±0.71[b]	7.99±0.58[c]	—

注：肩标不同的小写字母表示差异显著，$P<0.05$。

采用水蒸气蒸馏法提取的姜黄挥发油对供试菌的最低抑菌浓度见表3.9。由表3.9可知，采用水蒸气蒸馏法提取的姜黄挥发油对致病性大肠杆菌、金黄色葡萄球菌、鸡白痢沙门菌、猪伤寒沙门菌、猪链球菌和志贺氏菌的最低抑菌浓度存在差异，其中对致病性大肠杆菌、金黄色葡萄球菌、猪伤寒沙门菌和志贺氏菌的最低抑菌浓度较低，对鸡白痢沙门菌和猪链球菌的最低抑菌浓度较高。

表3.9 采用水蒸气蒸馏法提取的姜黄挥发油对供试菌的最低抑菌浓度（周云晓等，2016）

种类	浓度（mg/mL）								对照组	MIC
	100.000	50.000	25.000	12.500	6.250	3.125	1.560	0.780		
致病性大肠杆菌	—	—	—	—	—	+	++	+++	+++	6.25
金黄色葡萄球菌	—	—	—	—	—	+	++	+++	+++	6.25
鸡白痢沙门菌	—	—	—	—	+	++	+++	+++	+++	12.50
猪伤寒沙门菌	—	—	—	—	—	+	+++	+++	+++	6.25
猪链球菌	—	—	—	—	+	++	+++	+++	+++	12.50
志贺氏菌	—	—	—	—	—	+	+	+++	+++	6.25

注：“—”和“+”表示肉眼观察培养基的浑浊程度。

采用索氏提取法提取的姜黄挥发油对供试菌的最低抑菌浓度见表3.10。由表3.10

可知，采用索氏提取法提取的姜黄挥发油对致病性大肠杆菌、金黄色葡萄球菌、猪伤寒沙门菌和志贺氏菌的最低抑菌浓度较低，对鸡白痢沙门氏菌和猪链球菌的最低抑菌浓度较高。由表 3.9 和表 3.10 可知，采用索氏提取法提取的姜黄挥发油比采用水蒸气蒸馏法提取的姜黄挥发油的抗菌能力低。

表 3.10 采用索氏提取法提取的姜黄挥发油对供试菌的最低抑菌浓度（周云晓等，2016）

种类	浓度（mg/mL）								对照组	MIC
	100.000	50.000	25.000	12.500	6.250	3.125	1.560	0.780		
致病性大肠杆菌	−	−	−	−	+	++	+++	+++	+++	12.5
金黄色葡萄球菌	−	−	−	−	+	+++	+++	+++	+++	12.5
鸡白痢沙门菌	−	−	−	+	++	+++	+++	+++	+++	25.0
猪伤寒沙门菌	−	−	−	−	+	++	+++	+++	+++	12.5
猪链球菌	−	−	−	+	++	+++	+++	+++	+++	25.0
志贺氏菌	−	−	−	−	+	++	+++	+++	+++	12.5

注：“−”和“+”表示肉眼观察培养基的浑浊程度。

综观表 3.9、表 3.10 和表 3.11 可知，姜黄素对畜禽病原菌的最低抑菌浓度明显高于姜黄挥发油，说明姜黄素的抑菌效果明显比姜黄挥发油差。

表 3.11 姜黄素对供试菌的最低抑菌浓度（周云晓等，2016）

种类	浓度（mg/mL）								对照组	MIC
	100.000	50.000	25.000	12.500	6.250	3.125	1.560	0.780		
致病性大肠杆菌	−	−	+	++	+++	+++	+++	+++	+++	50.0
金黄色葡萄球菌	−	+	++	+++	+++	+++	+++	+++	+++	100.0
鸡白痢沙门菌	−	−	+	++	+++	+++	+++	+++	+++	50.0
猪伤寒沙门菌	−	−	−	+	++	+++	+++	+++	+++	25.0
猪链球菌	−	+	++	+++	+++	+++	+++	+++	+++	100.0
志贺氏菌	−	−	+	++	+++	+++	+++	+++	+++	50.0

注：“−”和“+”表示肉眼观察培养基的浑浊程度。

结果表明，采用水蒸气蒸馏法提取的姜黄挥发油抑菌效果最好，采用索氏提取法提取的姜黄挥发油的抑菌效果次之，姜黄素的抑菌效果最差。姜黄挥发油含有多种活性成分，包括姜油烯、龙脑（2−莰醇）、水芹烯、姜黄酮、姜黄素等，这些化学成分均具有抑菌效果，其多种成分的组合具有很强的抑菌作用，而姜黄素是一种二酮类化合物，仅有一种成分，故其抑菌效果不如姜黄挥发油。

参考文献

[1] Bazh E K, El-Bahy N M. In vitro and in vivo screening of anthelmintic activity of

ginger and curcumin on Ascaridia galli [J]. Parasitology Research, 2013, 112 (11) 3679−3686.

[2] Dorta D J, Pigoso A A, Mingatto F E, et al. The interaction of flavonoids with mitochondria: Effects on energetic processes [J]. Chemico − Biological Interactions, 2005, 152: 67−78.

[3] Ejaz A, Wu D, Kwan P, et al. Curcumin inhibits adipogenesis in 3T3−L1 adipocytes and angiogenesis and obesity in C57/BL mice [J]. Journal of Nutrition, 2009, 139 (5): 919−925.

[4] Grasa L, Arruebo M, Plaza M A, et al. A downregulation of nNOS is associated to dysmotility evoked by lipopolysaccharide in rabbit duodenum [J]. Journal of physiology and pharmacology: an official journal of the Polish Physiological Society, 2008, 59 (3): 511−524.

[5] Joel L, Pomerantz, Baltimore D. Two pathways to NF−κB [J]. Molecular Cell, 2002, 10 (4): 693−695.

[6] Khalafalla R E, Müller U, Shahiduzzaman M, et al. Effects of curcumin (diferuloylmethane) on Eimeria tenella sporozoites in vitro [J]. Parasitology Research, 2011, 108 (4): 879−886.

[7] Lüer S, Troller R, Aebi C. Antibacterial and antiinflammatory kinetics of curcumin as a potential antimucositis agent in cancer patients [J]. Nutrition & Cancer, 2012, 64 (7): 975−981.

[8] Nishino H, Tokuda H, Satomi Y, et al. Cancer prevention by antioxidants [J]. Biofactors, 2004, 22 (4): 57−61.

[9] Patil T N, Srinivasan M. Hypocholesteremic effect of curcumin in induced hypercholesteremic rats [J]. Indian Journal of Experimental Biology, 1971, 9 (2): 167−169.

[10] Rai D, Singh J K, Roy N, et al. Curcumin inhibits FtsZ assembly: an attractive mechanism for its antibacterial activity [J]. Biochemical Journal, 2008, 410 (1): 147−155.

[11] Reuter S, Gharlet J, Juncker T, et al. Effect of curcumin on nuclear factor κB signaling pathways in human chronic myelogenous K562 leukemia cells [J]. Annals of the New York Academy of Sciences, 2010, 1171: 436−447.

[12] Sahin K, Orhan C, Tuzcu Z, et al. Curcumin ameloriates heat stress via inhibition of oxidative stress and modulation of Nrf2/HO−1 pathway in quail [J]. Food & Chemical Toxicology, 2012, 50 (11): 4035−4041.

[13] Schraufstatter E, Bernt H. Antibacterial action of curcumin and related compounds [J]. Nature, 1949, 164 (4167): 456.

[14] Shin S, Ha T, Mcgregor R A, et al. Long-term curcumin administration protects against atherosclerosis via hepatic regulation of lipoprotein cholesterol metabolism [J].

Molecular Nutrition & Food Research，2011，55 (12)：1829—1840.
[15] Trujillo J，Molina E，Medina O N，et al. Curcumin prevents cisplatin-induced decrease in the tight and adherens junctions：relation to oxidative stress [J]. Food & Function，2016，7 (1)：279—293.
[16] Tvrda E，Tusimova E，Kovacik A，et al. Curcumin has protective and antioxidant properties on bull spermatozoa subjected to induced oxidative stress [J]. Animal Reproduction Science，2016，172：10—20.
[17] Tyagi P，Singh M，Kumari H，et al. Bactericidal activity of curcumin I is associated with damaging of bacterial membrane [J]. Plos One，2015，10 (3)：e0121313.
[18] Waseem M，Parvez S. Mitochondrial dysfunction mediated cisplatin induced toxicity：Modulatory role of curcumin [J]. Food & Chemical Toxicology，2013，53 (3)：334—342.
[19] Zhang J，Hu Z，Lu C，et al. Effect of various levels of dietary curcumin on meat quality and antioxidant profile of breast muscle in broilers [J]. Journal of Agricultural and Food Chemistry，2015，63 (15)：3880—3886.
[20] Zheng S，Fu Y，Chen A. De novo synthesis of glutathione is a prerequisite for curcumin to inhibit hepatic stellate cell (HSC) activation [J]. Free Radical Biology & Medicine，2007，43 (3)：444—453.
[21] 代德财，闫浩，徐雪峰. 姜黄素的提取工艺及其生物活性的研究 [J]. 中国调味品，2020，45 (8)：159—161，171.
[22] 董海丽，纵伟. 酶法提取姜黄素的研究 [J]. 纯碱工业，2000 (6)：55—56，60.
[23] 胡忠泽，杨久峰，谭志静，等. 姜黄素对草鱼生长和肠道酶活力的影响 [J]. 粮食与饲料工业，2003 (11)：29—30.
[24] 黄惠芳，吕平，俞奔驰. 姜黄素提取与精制工艺研究进展 [J]. 广西热带农业，2010 (1)：20—23.
[25] 回瑞华，刁全平，侯冬岩，等. 姜黄中姜黄素提取工艺的研究 [J]. 鞍山师范学院学报，2015 (6)：43—46.
[26] 刘佳慧，王修俊，郑君花，等. 酶法—微波法联合提取贵州生姜中姜黄色素及其定性分析 [J]. 保鲜与加工，2016，16 (3)：61—66.
[27] 刘莉，赵振东，刘志荣，等. 不同溶剂对姜黄中姜黄素类化合物提取率的比较 [J]. 湖北中医药大学学报，2016，18 (1)：33—35.
[28] 芦娜，邱静芸，应志雄，等. 日粮添加不同水平姜黄素对断奶仔猪生产性能、消化率和血液指标的影响 [J]. 家畜生态学报，2017，38 (1)：30—35.
[29] 罗霜，于小玲，李红静. 姜黄素对小鼠胃肠蠕动的影响及其作用机制 [J]. 齐鲁医学杂志 ，2012，27 (5)：430—431.
[30] 彭景华，曹健美，王晓柠，等. 姜黄素对内毒素脂多糖诱导的库普弗细胞分泌炎症细胞因子的抑制作用 [J]. 中国中西医结合消化杂志，2006，14 (4)：211—

214.
[31] 吴妙鸿，强悦越，吴艺杰，等. 姜黄中姜黄素类化合物提取工艺研究 [J]. 食品安全质量检测学报，2019，10 (13)：4328－4334.
[32] 荀文娟，周汉林，侯冠彧，等. 姜黄素对早期断奶仔猪回肠黏膜形态、紧密连接蛋白和炎性因子基因表达以及血清免疫球蛋白水平的影响 [J]. 动物营养学报，2016，28 (3)：826－833.
[33] 杨柳. 姜黄中的姜黄素提取工艺研究进展 [J]. 农业科技与装备，2017 (5)：89－90.
[34] 杨泰，王慧，田科雄，等. 姜黄素的生理功能及其在畜禽生产中的应用 [J]. 动物营养学报，2017，29 (10)：3460－3466.
[35] 杨泰. 姜黄素对蛋鸡蛋品质、抗氧化与免疫功能及肠道形态的影响 [D]. 长沙：湖南农业大学，2018.
[36] 赵春萍，荀文娟，曹婷，等. 姜黄素作为饲料添加剂的研究进展 [J]. 饲料博览，2014 (12)：20－23.
[37] 赵春萍，荀文娟，侯冠彧，等. 姜黄素对大肠杆菌攻毒仔猪生长性能和抗氧化性能的影响 [J]. 家畜生态学报，2015，36 (7)：24－27.
[38] 赵春萍. 姜黄素对大肠杆菌攻毒仔猪生长性能及肠黏膜屏障功能的影响 [D]. 海口：海南大学，2015.
[39] 周璐丽，周汉林，王定发. 姜黄提取物对文昌鸡生长性能、血液生化指标和免疫器官指数的影响 [J]. 饲料工业，2016，37 (18)：5－8.
[40] 周美，陈华国，周欣，等. 正交实验法优化姜黄中姜黄素提取工艺及其抗氧化活性 [J]. 医药导报，2015，34 (10)：1352－1355.
[41] 周明，张靖，申书婷，等. 姜黄素在育肥猪中应用效果的研究 [J]. 中国粮油学报，2014，29 (3)：67－73.
[42] 周云晓，董玲燕，赵丽娟，等. 姜黄提取物对畜禽病原菌的抑制作用 [J]. 饲料博览，2016 (3)：44－47.
[43] 祝国强，侯风琴. 姜黄素对肉仔鸡日增重、脂质代谢、肉品质的影响 [J]. 饲料博览，2007 (2)：49－51.
[44] 祝国强，王斌，侯风琴，等. 姜黄素对肉鸡生产性能及肉品质的影响 [J]. 饲料工业，2009，(13)：8－10.
[45] 祝国强，张伟涛，陈涛，等. 姜黄素添加剂对育肥猪胴体 GP、肉品质及血液生化指标的影响 [J]. 饲料工业，2013，34 (16)：9－12.

4 槟榔提取物的应用

4.1 槟榔概述

槟榔（*Areca catechu* L.）原产于马来西亚，主要分布在亚洲热带地区、东非及欧洲部分区域。我国种植槟榔的历史已有2100多年，目前主要种植于海南和台湾两省，广西、云南、福建等省（区）也有栽培。海南省的槟榔产量占中国大陆地区总产量的95%，是当地农民主要的经济来源之一。

槟榔树是棕榈科槟榔属多年生常绿乔木，树干直立而不分枝，有明显的环状叶痕。叶簇生于茎顶，长1.3～2.0 m。槟榔果实为长圆形或卵圆形，长3～5 cm，外果皮未成熟时呈青色，成熟后为橙黄色。其种子、果皮、花等均可入药。

据《名医别录》记载，槟榔具有消谷逐水，除痰，杀三虫，伏尸，疗寸白的功效。在清代，严西亭的《得配本草》也有记载，槟榔可用于治泻痢，破滞气，攻坚积，止诸痛，消痰癖，杀三虫，除水胀，疗瘴疟。槟榔的主要化学成分为生物碱、缩合鞣质、脂肪及槟榔红色素等，其中主要的生物碱为槟榔碱，含量为0.1%～0.5%；其次为槟榔次碱、去甲基槟榔次碱、去甲基槟榔碱等。

槟榔成分较为复杂，目前，从槟榔中已经分离出多达52种化合物，其中吡啶型生物碱和缩合单宁被认定为特征性成分。

槟榔中含有的主要生物碱有槟榔碱（0.30%～0.63%）、槟榔次碱（0.31%～0.66%）、去甲基槟榔次碱（0.19%～0.72%）、去甲基槟榔碱（0.03%～0.06%）。随后，研究人员又相继发现了异去甲基槟榔次碱、乙基N－二甲基－1－1,2,5,6－四氢吡啶－3－羧酸酯、甲基N－甲基哌啶－3－羧酸、烟碱、烟酸甲酯、烟酸乙酯、高槟榔碱等化合物。其中，缩合单宁（也称原花青素）主要含有原花青素A_1、B_1、B_2，槟榔红色素A_1、B_1、C_1、A_2、A_3、B_2；黄酮类化合物包括异鼠李素、金圣草黄素、木樨草素、4′,5－二羟基－3′,5′,7,－三甲氧基黄烷酮、甘草素等。此外还含有月桂酸、肉豆蔻酸、棕榈酸、硬脂酸、油酸、癸酸、亚油酸、十二碳烯酸、十四碳烯酸、大黄酚、甲醚、白藜芦醇、对羟基苯甲酸、原儿茶酸、异香草酸、阿魏酸、香草酸等化合物。槟榔种子中总生物碱含量为0.3%～0.6%，鞣质含量为15%，脂肪含量为14%，主要化合物有月桂酸、肉豆蔻酸、硬脂酸、棕榈酸、油酸、亚油酸、辛酸、癸酸等。同时，槟榔中含有一定量的微量元素，包括铁、铜、锰、锌和常量矿物质元素钾、钙、镁等。

4.2 槟榔的作用

槟榔具有抑制细菌、真菌生长繁殖，抗病毒，抗氧化、清除自由基，驱虫，降低胆固醇等作用。

4.2.1 槟榔的抗菌和抗病毒作用

槟榔在抑菌、杀菌方面有很好的效果，槟榔提取物能够显著抑制黏放线菌的生长，并对口腔常见的菌群（如链球菌、牙龈卟啉菌和烟熏菌等）有很好的抑制效果。槟榔中的天然活性成分槟榔花多酚，包含儿茶素、芦丁和柚皮素等多种活性酚类物质，对金黄色葡萄球菌、白色念珠菌都有很强的抑制作用。刘文杰（2012）的研究发现，槟榔壳提取物对金黄色葡萄球菌、枯草芽孢杆菌、蜡状芽孢杆菌、大肠杆菌的最小抑菌浓度分别为 8.750 mg/mL、4.375 mg/mL、35.000 mg/mL、35.000 mg/mL。此外，槟榔提取物还可有效抑制乳酸片球菌、芒果炭疽病菌的生长。有研究表明，槟榔提取物浓度为 0.2 mg/mL 时对 HIV－1 蛋白酶活性的抑制作用超过 70%。

4.2.2 槟榔的抗氧化作用

槟榔提取物对 DPPH 自由基、$ABST^{+}$ 自由基的清除能力和对 Fe^{3+} 的还原能力均具有一定的浓度依赖性。有研究表明，槟榔籽乙醇提取物对 DPPH 自由基、羟基自由基、超氧根离子自由基都有较强的清除能力，且均高于食品中常用的抗氧化剂 BHT。唐敏敏等（2015）研究了槟榔多糖提取物的抗氧化能力和对人皮肤成纤维细胞内氧化损伤的抑制作用，结果表明槟榔多糖有良好的 DPPH 自由基清除能力、Fe^{3+} 还原能力和 Fe^{2+} 螯合能力，并且对细胞氧化损伤有一定的抑制作用。刘月丽等（2017）使用槟榔提取物喂食衰老小鼠，结果发现，槟榔提取物可增强小鼠海马组织超氧化物歧化酶（Superoxide Dismutase，SOD）、琥珀酸脱氢酶（Succinate Dehydrogenase，SDH）的活性，降低丙二醛（Malondialdehyde，MDA）含量，低剂量还能增强谷胱甘肽过氧化物酶（Glutathione Peroxidase，GSH－Px）的活性，改善衰老小鼠大脑皮质神经细胞的组织学变化，表明槟榔提取物能改善衰老小鼠的抗氧化能力和组织学改变，具有抗衰老作用。

4.2.3 槟榔对心血管的作用

以槟榔为主要原料的木香槟榔丸治疗脑出血患者急性期的疗效确切，能够缩小血肿体积，并且能促进患者神经功能恢复。此外，槟榔碱还能抗血栓形成及抗动脉粥样硬化等。山丽梅等（2004）的研究表明，槟榔碱可激活血管内皮细胞乙酰胆碱并促进 NO 的释放，进而抵抗动脉粥样硬化的发病。唐菲等（2009）的研究表明，槟榔的有效成分氢溴酸槟榔碱具有体外溶栓作用，此外还具有对抗角叉菜胶引起的小鼠尾静脉血栓形成的作用。

槟榔具有降低胆固醇的作用。在袁列江等（2009）的研究中，槟榔的粗提取物显著降低了血清总胆固醇、血清甘油三酯和血清低密度脂蛋白胆固醇浓度以及动脉硬化指数。欧阳新平等（2012）的研究发现，槟榔碱可以显著降低细胞内总胆固醇、游离胆固醇和胆固醇酯的水平，增加细胞胆固醇流出率。

4.2.4 驱虫作用

槟榔作为一种广谱驱虫药，可抑制或者杀灭多种寄生虫，如绦虫、血吸虫、蛔虫、钩虫等。

1. 槟榔对绦虫的作用

黄国强（1980）的研究发现，槟榔粉可以驱牧犬绦虫。将 5 g 左右的槟榔粉拌于约 0.5 kg 的馒头中，让已经绝食 12 h 的牧犬自由采食，采食 1 h 后开始排虫，2 h 后排虫逐渐增多，次日未见虫体排出。结果表明，15 kg 牧犬服用 5 g 槟榔粉有明显的驱虫效果，剂量稍大也不会引起中毒甚至死亡，从而证明槟榔粉驱绦虫是安全有效的。肖啸等（2009）观察了槟榔对犬绦虫的驱除效果，确定了有效用量、驱虫疗程。将槟榔粉配成 3 种剂量，在考虑槟榔毒性、疗程等因素下，槟榔粉的最佳剂量范围应为（0.3±0.05）g/kg，以 1 周为 1 个疗程，1 个疗程投喂 2 次，可治愈犬绦虫病。两个研究结果一致，由此推测，槟榔粉驱除犬绦虫的最佳剂量范围在 0.3 g/kg 左右。

杨发荣和杨凌岩（1996）利用槟榔和南瓜子治疗 50 名牛带绦虫病患者，治愈率达 94%。李鸿斌等（2013）的研究结果显示，以槟榔和南瓜子治疗 204 例布朗族人群绦虫病的有效率为 98.04%。Li 等（2012）的临床试验表明，槟榔提取物治疗人绦虫病的治愈率为 63.6%，平均排虫时间为 14 h；南瓜子治疗人绦虫病的治愈率为 75.0%，平均排虫时间为 6 h；槟榔提取物和南瓜子一起使用，治愈率可达 88.9%，平均排虫时间为 2 h。大量临床研究表明，槟榔和南瓜子治疗猪带绦虫和牛带绦虫是高效、安全的。

早在 1956 年，冯兰洲先生就已经对槟榔和南瓜子合并治疗绦虫的药理作用进行了系统研究，结果表明，南瓜子主要对绦虫的中段与后段有瘫痪作用，槟榔则对绦虫的头节和未成熟节片有麻痹作用，主要发挥作用的是槟榔中的槟榔碱和南瓜子中的南瓜子氨酸。田喜凤等（2002）从超微结构出发，发现槟榔和南瓜子合剂驱除猪带绦虫的作用机理主要是麻痹，且对神经无损伤。赵文爱等（2003）通过研究发现，使用槟榔对猪囊尾蚴作用 20 min，虫体表面开始出现部分蚀区，且随作用时间延长，其蚀区继续增大。

2. 槟榔对血吸虫和钉螺的作用

王定寰和钟昌梅（1958）使用复方槟榔丸治疗 103 例血吸虫病患者，治愈率为 67%。邹艳等（2010）比较了黄芪、南瓜子仁和槟榔单一与联用抗血吸虫的效果，结果表明，与对照组比较，感染后1～10天、8～17天和15～24天服用复合中药的3个组的减虫率分别为36.21%、26.74%、39.04%，每克肝卵减少率分别为58.6%、32.2%、47.7%，说明槟榔、黄芪和南瓜子组合对发育中的血吸虫具有较好的抗虫效果。其作用机理主要是槟榔中槟榔碱对血吸虫具有麻痹作用。Barker等（1966）的研究表明，槟榔碱在5×10^{-6} mol/L与2×10^{-7} mol/L的浓度下能分别麻痹曼氏血吸虫的体肌和吸盘。可能是因为槟榔碱是一种类毒蕈碱型受体（简称M受体）激动剂，能兴奋胆碱M受体，具有麻痹血吸虫的作用。章元沛（1982）使用纯氢溴酸槟榔碱对小白鼠体内血吸虫的促肝移作用进行了研究，进一步证明槟榔碱为促使动物体内血吸虫肝移作用的主要成分。徐兆骥等（1982）的研究结果表明，以槟榔和呋喃丙胺配合治疗血吸虫病，能提高呋喃丙胺的杀虫率。

钉螺是血吸虫的中间寄主，槟榔中的槟榔碱对钉螺具有杀灭作用。杨忠等（2005）在研究槟榔提取物杀灭钉螺的效果时发现，槟榔乙醇提取物具有较好的杀灭钉螺和抑制钉螺上爬的作用，是一种具有研究价值的植物杀螺剂。何昌浩等（1999）的研究指出，槟榔碱与化学灭螺药合用后，降低了钉螺对药物刺激的敏感性，钉螺上爬率明显降低，灭螺效果显著增强，从而证明了槟榔碱具有降低化学灭螺药用量、抑制钉螺上爬、增强灭螺效果的作用。关于槟榔碱灭螺增效的作用机制，李泱等（2000）发现，较低浓度的槟榔碱能增加钉螺足拓平滑肌的收缩活动，可能是槟榔碱直接开放了钙通道，促使Ca^{2+}内流，从而降低钉螺上爬附壁率，起到灭螺增效的作用。Chen等（2012）的研究结果表明，槟榔碱不仅可以显著降低钉螺头足中胆碱酯酶和丙氨酸氨基转移酶的活性，而且可以降低其内脏团里胆碱酯酶、丙氨酸氨基转移酶、碱性磷酸酶、乳酸脱氢酶和苹果酸脱氢酶的活性。

3. 槟榔对蛔虫的作用

我国民间有一验方"槟榔安蛔散"，由槟榔9 g（去油炒透存性）、吉林糖参6 g、鸡脚黄连1.5 g组成，对蛔虫病具有很好的治疗效果。Zhou等（2014）总结对蛔虫及其他线虫感染的中医治疗方法时发现，槟榔对蛔虫的驱除率为40%～68%。查传龙等（1990）采用槟榔和牵牛子合成的驱姜片，蛔虫转阴率为77.7%。李献军（2011）研究18种中药对驱离体猪蛔虫的疗效，槟榔治疗有效率达100%。王连平等（2005）的研究结果表明，将槟榔粉1 g/kg、左旋咪唑10 mg/kg合用于驱除犬弓首蛔虫和泡状带绦虫，驱虫率可达100%。关于槟榔驱蛔虫的作用机制，Colquhoun等（1991）的研究表明，槟榔碱能引起蛔虫体肌细胞膜电位的去极化和反极化。梁宁霞（2004）的综述提到槟榔的药理作用，槟榔的直链脂肪酸有较强的杀犬蛔虫蚴体的活性，其中以月桂酸（十二烷酸）的活性最强。

4. 槟榔对钩虫的作用

祖丕烈等（1958）在研究槟榔、榧子、苦楝子及其混合丸剂驱除钩虫的疗效时发现，混合丸剂一次治愈率可达46.4%。查传龙等（1988）在研究槟榔和牵牛子合成的驱姜片驱治肠寄生虫病时发现，钩虫转阴率为60.0%，疗效与广谱驱肠道线虫药甲苯达唑对照组（76.5%）差异不显著。许正敏等（2010）将钩口线虫感染犬粪便（含钩虫卵）的标本置于固体培养基滤纸上，用竹签轻轻均匀按压，使之与滤纸广泛、紧密接触，盖上平皿盖，放于35 ℃培养（孵化）箱中培养24 h，再通过水洗沉淀法分离钩蚴。结果发现，24 h后槟榔使钩蚴发育停止，虫体僵直，自然曲线消失，无蛋白质折光性，内部结构不清，虫体后半部肿胀，说明槟榔有抑制钩蚴发育的作用。

5. 槟榔对其他寄生虫的作用

马锦裕等（1981）用槟榔治疗人姜片虫病，发现排虫率达95.2%，治疗后1个月的阴转率为61.9%。Jeyathilakan等（2010）评估体外中草药驱除肝片吸虫效果，发现1.0%、2.5%和5.0%浓度的槟榔提取物对肝片吸虫的抑制率为100%，比氯羟柳胺的疗效好。查传龙等（1990）的研究表明，肝片吸虫经槟榔作用后，运动停止，虫体伸展且长度增加，显示了虫体肌肉松弛，说明了槟榔具有拟胆碱作用，能干扰肝片吸虫的神经系统功能，属于外源性增强抑制性神经递质的作用。李彩芹等（2010）开展了在饲料中添加常山、槟榔对兔球虫的防治效果试验研究，结果表明，饲喂添加0.3%的常山－槟榔混合物（3∶2）的饲料，可以控制球虫卵囊的增多和产生。卢福庄等（2007）报道槟榔可以作为防治鸡、兔球虫病常用的药物。Boniface等（2014）的研究结果表明，槟榔醇提取物具有抗疟疾和抗菌作用。杨家芬等（2001）的研究结果表明，槟榔醇提物对阴道毛滴虫有明显抑制作用，抑虫率在81%以上。王高学等（2006）的研究表明，槟榔提取物对中型指环虫具有杀灭作用，杀虫率在48 h内可达100%，槟榔可以作为鱼类防治指环虫的药物，对鱼类没有影响。鉏超等（2010）研究含有槟榔等20种中草药的复方制剂杀灭离体小瓜虫的效果时发现，0.1 g/L槟榔对各个阶段的小瓜虫虫体均有杀灭效果。宋晓平等（2002）的研究结果表明，槟榔对兔螨具有良好的杀灭效果，在60 min内可杀死全部供试螨。

4.2.5 槟榔对胃肠道的作用

很久以前，槟榔就被传统中医用来治疗各种饮食积滞、消化不良等肠胃病。槟榔应用十分广泛，仅《中国药典》2015年版收录的含槟榔的成方制剂就有51种之多，其中，传统验方槟榔四消丸用于治疗食积痰饮、消化不良、脘腹胀满、嗳气吞酸、大便秘结等症状。有研究表明，槟榔能用来治疗十二指肠溃疡、肠积、胃病等疾病。邹百仓（2003）通过对患有功能性消化不良的模型大鼠进行研究发现，槟榔煎液对大鼠的胃收缩振幅增强，胃平滑肌的收缩振幅明显升高。有试验表明，槟榔提取剂能够使胆囊肌兴奋，加快胆汁排出，促进消化；同时，槟榔所含有的槟榔碱具有兴奋M胆碱受体的作用，可使胃肠平滑肌张力升高，增加肠蠕动，促进消化液分泌。因此，适度嚼食槟榔可刺激胃肠中消化液的分泌，使人产生饥饿感，进而提高食欲。所以，槟榔是中医常用的助消化药物方剂的成分。

4.3 槟榔提取物的抗球虫（柔嫩艾美耳球虫）作用研究

作者团队选用槟榔提取物作为研究对象，开展了槟榔提取物对感染球虫（柔嫩艾美耳球虫）文昌鸡的防治效果试验研究（李韦等，2015；李韦等，2016；Wang 等，2018）。

4.3.1 槟榔提取物的制备

试验所用槟榔青果为在市场上购得，置于 65 ℃烘箱中烘干，粉碎，过 40 目筛后装袋密封保存。采用超临界二氧化碳萃取法、70%乙醇萃取法和水提取法分别得到 3 种槟榔提取物。

超临界二氧化碳萃取法：称取 250 g 槟榔粉末，装入 1 L 萃取釜中，在压力为 20 MPa、温度为 50 ℃、二氧化碳流量为 25.0 kg/h、夹带剂（无水乙醇）使用量为 175 mL 的条件下，萃取 120 min，得到红褐色油状漂浮物；接着将其真空冷冻干燥，所得固体于 4 ℃条件下保存备用。

70%乙醇萃取法：称取 100 g 粉末，加 1000 mL 70%乙醇，将两者置于容器中剧烈摇动 6 h，静置 18 h 后用定量滤纸进行真空过滤，取滤液；往滤渣中加入 6～8 倍体积 70%乙醇萃取，方法同上，重复 3 次。合并 3 次得到的滤液，在 50 ℃条件下，以 125 r/min 旋转蒸发浓缩成浸膏，接着进行真空冷冻干燥，所得固体于 4 ℃条件下保存备用。

水提取法：称取 100 g 粉末，加 1000 mL 蒸馏水置于三角锥形瓶中，剧烈摇动和浸泡各 1 h；瓶口连接回流冷凝管，瓶中溶液加热至沸腾状态后转文火加热 2 h。2 h 后停止加热，待溶液温度降至室温，以 6000 r/min 离心 10 min，离心管中上清液用定量滤纸真空过滤。滤渣再加 6～8 倍蒸馏水，方法同上，重复 3 次。合并 3 次得到的滤液，在 65 ℃条件下，以 125 r/min 旋转蒸发浓缩成浸膏，接着进行真空冷冻干燥，所得固体于 4 ℃条件下保存备用。

称取 100 mg 左右槟榔提取物，加入 5 mL 乙醚，漩涡振荡 3 min，过滤。于 45 ℃烘箱中将乙醚完全挥发，再加 10 mL 无水乙醇溶解，过滤，加 100 μL 体积分数为 40%的氢溴酸，用无水乙醇定容至 25 mL，即得氢溴酸槟榔碱的无水乙醇溶液。取氢溴酸槟榔碱标准溶液，以 0.16%氢溴酸无水乙醇（即 100 μL 40%氢溴酸以无水乙醇定容至 25 mL）为空白样，使用紫外－可见光分光光度计在 200～800 nm 波段范围内扫面，得到 225 nm 最高吸收峰。精密吸取 0.996 mg/mL 氢溴酸槟榔碱标准溶液 0.10 mL、0.20 mL、0.40 mL、0.80 mL、1.50 mL、3.00 mL 注于 10 mL 容量瓶中，用无水乙醇定容，分别在225 nm处测吸光度值 OD_{225}，以氢溴酸槟榔碱浓度 ρ 为 x 轴，各自相对应的吸光度（OD_{225}）为y 轴，绘制标准曲线为 $y5.413x-0.2484$ （$R^2=0.9927$）。分别检测 3 种提取物的吸光度 OD_{225}，对照回归方程，算出氢溴酸槟榔碱浓度值。由于槟榔碱与氢溴酸按照摩尔比 1∶1 反应，根据分子量将氢溴酸槟榔碱乘以 0.661598 分别计算出 3 种提取物中槟榔碱的含量。

采用超临界二氧化碳萃取法、70%乙醇萃取法和水提取法的提取物产率分别为 1.72%、12.39%和 13.52%，提取物中所含槟榔碱含量分别为 9.07%、0.47%和 0.48%。

4.3.2 槟榔提取物对柔嫩艾美耳球虫卵囊孢子化的影响

选择 1 日龄文昌鸡（公鸡）饲喂至 15 日龄，每只试验鸡经口灌服 1 mL 含柔嫩艾美耳球虫孢子化卵囊的生理盐水混合液（每毫升含球虫卵囊约为 1.0×10^5 个）。感染当天计为试验期第 1 天。收集感染后第 5～9 天试验鸡所有的粪便，当天处理，按质量与蒸馏水 1∶10 溶解，以 3000 r/min 离心 3 min，再以饱和食盐水漂浮，最后使用蒸馏水（10∶1）稀释，以 3000 r/min 离心 3 min，收集球虫卵囊，不进行孢子化处理，在 4 ℃的冰箱中保存并逐日汇集卵囊。卵囊以 6000 r/min 离心 3 min，加 25 g/L 重铬酸钾溶液在 4 ℃的冰箱过夜并除去卵囊中细菌，防止细菌影响卵囊寿命，次日再离心，加蒸馏水直到液体为无色，再进行体外试验。

取 33 个培养皿，分为 11 组，即超临界二氧化碳提取物 S1、S2、S3 三组，70%乙醇提取物 E1、E2、E3 三组，水提取物 W1、W2、W3 三组，二甲基亚砜组（D 组）和空白对照组（C 组）各 1 组；每组设 3 个重复。三组中槟榔提取物浓度分别为 1.0 mg/mL、2.0 mg/mL、4.0 mg/mL（根据每只鸡每日采食量 10 g 计算），D 组中添加 10 mL/L 的二甲基亚砜，C 组为蒸馏水。每个培养皿共 20 mL 溶液，28 ℃培养 48 h，然后使用 1 mL 移液器均匀吸取 1 mL 悬浮液，加饱和食盐水稀释到 50 倍，再使用麦克马斯特计数板在显微镜下计数，区别计数孢子化和未孢子化的卵囊（以卵囊中含有 2 个或 4 个子孢子计为孢子化卵囊），每个培养皿重复计数 3 次。

各组每毫升培养液中含有卵囊数如图 4.1 所示。S3 组培养液中每毫升卵囊数极显著低于 C 组（$P<0.01$），S1 组和 E3 组培养液中每毫升卵囊数显著低于 C 组（$P<0.05$），E1 组培养液中每毫升卵囊数显著高于 C 组（$P<0.05$），其他各组培养液中每毫升卵囊数与 C 组差异不显著。

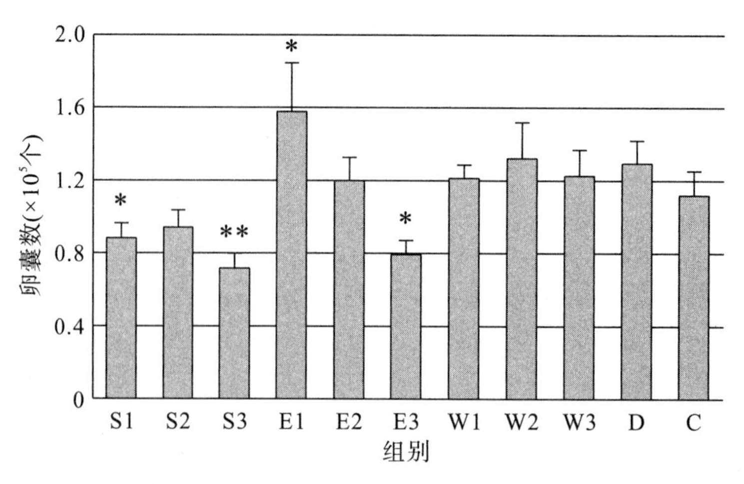

*——该组与对照组相比差异显著，$P<0.05$；

* *——该组与对照组相比差异极显著，$P<0.01$。

图 4.1　各组每毫升培养液中含有卵囊数

各组卵囊孢子化率如图 4.2 所示。C 组和 D 组卵囊孢子化率分别为 72.7%、72.2%，两组差异不显著（$P>0.05$）；S2 组和 S3 组卵囊孢子化率分别为 52.5%、48.0%，与对照组相比，S2 组、S3 组卵囊孢子化率极显著降低（$P<0.01$）；E3 组卵囊孢子化率为 64.1%，显著低于对照组（$P<0.05$）；S1 组、E1 组、E2 组、W1 组、W2 组、W3 组卵囊孢子化率分别为 67.3%、72.6%、66.5%、74.8%、68.8%、70.1%，与对照组相比差异不显著。

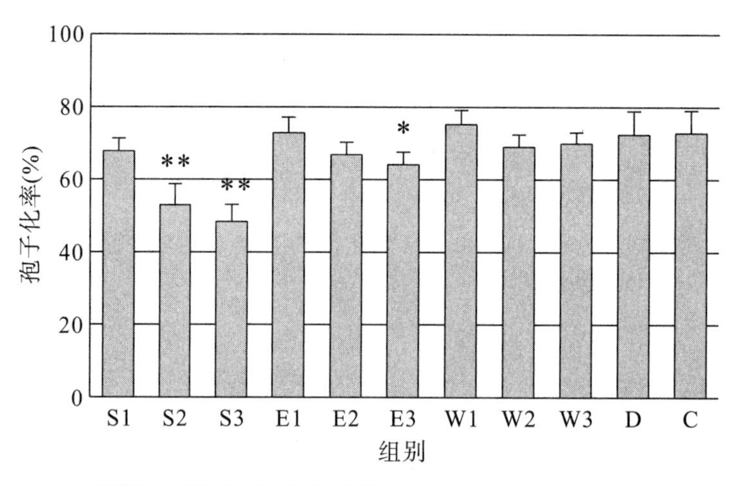

*——该组与对照组相比差异显著，$P<0.05$；

* *——该组与对照组相比差异极显著，$P<0.01$。

图 4.2　各组卵囊孢子化率

相对于对照组，S2 组、S3 组抑制卵囊孢子化率分别为 20.10%、24.60%，极显著高于其他各组，S1 组、E1 组、E2 组、E3 组、W2 组、W3 组和 D 组抑制卵囊孢子化率分别为 5.43%、0.15%、6.18%、8.58%、3.92%、2.62%和 0.50%，W1 组促进卵囊孢子化率为 2.10%。与对照组相比，各组抑制、促进卵囊孢子化率如图 4.3 所示。

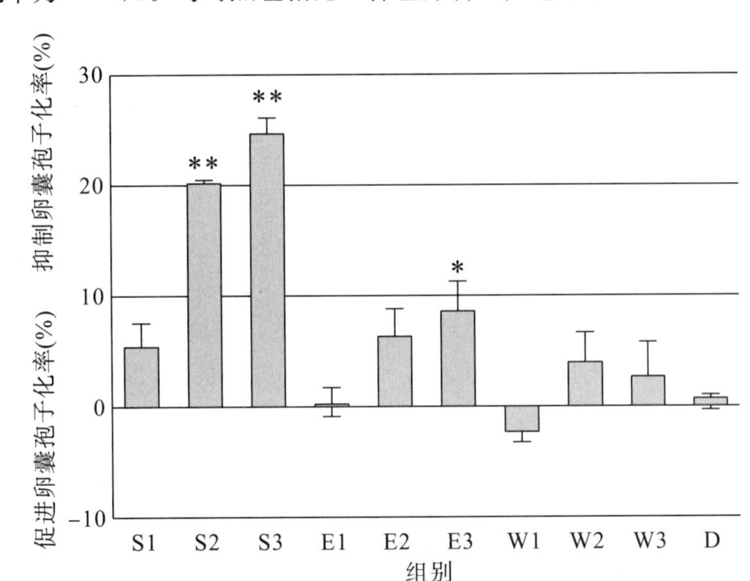

*——该组与对照组相比差异显著，$P<0.05$；

**——该组与对照组相比差异显著，$P<0.01$。

图 4.3　与对照组相比，各组抑制、促进卵囊孢子化率

结果表明，浓度为 2 mg/mL、4 mg/mL 的槟榔超临界二氧化碳提取物在体外对柔嫩艾美耳球虫卵囊数和卵囊孢子化率的抑制效果最好。

4.3.3　槟榔提取物对感染球虫雏鸡的影响

柔嫩艾美耳球虫纯系株卵囊经过雏鸡复壮，从粪便中收集并置于 25 g/L 重铬酸钾溶液中，在 29 ℃条件下孢子化后，置于 4 ℃冰箱保存待用。

采用超临界二氧化碳萃取法得到槟榔提取物，将该槟榔提取物和二氧化硅粉末按质量比 1∶1 充分混合，得到槟榔提取物粉剂。

将 270 只 1 日龄雏鸡饲养于已严格消毒且无球虫污染的鸡舍内，随机分成 6 组，每组 45 只，即空白对照组（C 组，不感染不给药组，饲喂基础日粮）、阴性对照组(N 组，感染不给药组，饲喂基础日粮）、阳性对照组（P 组，于感染球虫后第 3 天，在雏鸡饮水中加入地克珠利溶液，连续添加饮用 5 天，饲喂基础日粮）、3 个槟榔组（A1 组、A2 组、A3 组，分别在基础日粮中添加 200 mg/kg、400 mg/kg、600 mg/kg 槟榔提取物粉剂，从 1 日龄开始饲喂）。对 14 日龄雏鸡上午断料不停水，下午使用麦克马斯特计数板确定孢子化球虫卵囊的数量，取试验所需球虫溶液，以 6000 r/min 离心 3 min，去上清液，加生理盐水直到离心管液体为无色，定容，使每毫升生理盐水混合液中含球虫卵囊约 1.0×10^5个，置于 4 ℃冰箱保存待用。在 15 日龄时，从每组中随机抽取 30 只体重接近的雏鸡，空白对照组每只雏鸡经口灌服 1 mL 生理盐水，其他组每只雏鸡经口灌服 1 mL 含球虫孢子化卵囊的生理盐水混合液。饲养至 24 日龄试验结束。

感染后第3天、第9天，各组分别随机抽取3只雏鸡放血处死，取其盲肠样品后用生理盐水轻轻冲去内容物，放入4%多聚甲醛溶液中常温固定24 h，制作石蜡切片，对其H.E染色后观察，采用Image－pro plus图像分析系统分析盲肠组织结构。感染前1天，从空白对照组、阴性对照组和阳性对照组分别随机抽取1只雏鸡，3个槟榔实验组分别随机抽取3只雏鸡；感染后第3天，从阴性对照组随机抽取2只雏鸡、阳性对照组随机抽取1只雏鸡，其他实验组分别随机抽取3只雏鸡；感染后第6天和第9天，从各组分别随机抽取3只雏鸡。清晨将鸡处死，采颈部血，每只雏鸡先使用EDTA－K_2抗凝管接取约1.5 mL全血，其中一部分用于测定血液生理指标，另一部分于2000 r/min离心20 min再仔细收集上清，保存过程中如出现沉淀，应再次离心，并置于－20 ℃条件保存，用于测定血清生化指标和电解质。试验中，检测雏鸡的相对增重率、存活率、血便记分、盲肠每克内容物卵囊数、盲肠病变记分、每克粪便卵囊数。

1. 槟榔提取物对感染球虫雏鸡的抗球虫指数的影响

饲喂至15～23日龄时，空白对照组雏鸡的平均日采食量显著于其他各组（$P<0.05$），其余各组间差异均不显著（$P>0.05$），3个槟榔组和阳性对照组雏鸡的平均日采食量高于阴性对照组。槟榔提取物对感染球虫雏鸡采食量的影响见表4.1。

表4.1　槟榔提取物对感染球虫雏鸡采食量的影响

处理组	平均日采食量（g）	
	1～14天	15～23天
空白对照组（C组）	7.89±1.80	22.50±2.33[a]
阴性对照组（N组）	8.01±1.96	10.36±1.55[b]
阳性对照组（P组）	7.95±2.03	15.88±2.01[b]
槟榔组（A1组）	9.38±0.91	14.05±1.82[b]
槟榔组（A2组）	9.43±1.04	12.45±2.87[b]
槟榔组（A3组）	9.71±1.14	13.79±2.15[b]

注：肩标不同的小写字母表示差异显著，$P<0.05$。

槟榔提取物对感染球虫雏鸡存活率的影响见表4.2，阴性对照组雏鸡的存活率最低，空白对照组和A3组雏鸡的存活率最高。

表4.2　槟榔提取物对感染球虫雏鸡存活率的影响

处理组	存活数量（只）	鸡总数量（只）	存活率（%）
空白对照组（C组）	30	30	100.00
阴性对照组（N组）	24	30	80.00
阳性对照组（P组）	27	30	90.00
槟榔组（A1组）	29	30	96.67
槟榔组（A2组）	27	30	90.00

续表

处理组	存活数量（只）	鸡总数量（只）	存活率（%）
槟榔组（A3组）	30	30	100.00

槟榔提取物对感染球虫雏鸡体重的影响见表4.3，第1天和第15天，各实验组间雏鸡体重差异不显著（$P>0.05$）；第23天，空白对照组雏鸡的体重显著高于阴性对照组（$P<0.05$），其他各组间差异不显著（$P>0.05$）。

表4.3　槟榔提取物对感染球虫雏鸡体重的影响

处理组	雏鸡平均体重（g）		
	第1天	第15天	第23天
空白对照组（C组）	28.73±1.03	69.32±5.68	151.22±11.38[a]
阴性对照组（N组）	30.01±0.92	72.2±3.46	120.50±12.60[b]
阳性对照组（P组）	28.57±1.26	67.76±9.65	136.49±11.11[ab]
槟榔组（A1组）	28.48±1.61	77.72±4.61	141.46±8.37[ab]
槟榔组（A2组）	28.08±1.14	77.06±0.97	143.02±10.53[ab]
槟榔组（A3组）	29.64±1.59	75.14±2.55	141.58±8.92[ab]

注：肩标不同的小写字母表示差异显著，$P<0.05$。

槟榔提取物对感染球虫雏鸡盲肠病变评分的影响见表4.4，感染后第9天，阴性对照组分别与空白对照组、阳性对照组的盲肠病变记分差异显著（$P<0.05$），空白对照组与3个槟榔组间的盲肠病变记分差异显著（$P<0.05$），其他各组间差异不显著（$P>0.05$）；3个槟榔组病变值比阴性对照组低。

表4.4　槟榔提取物对感染球虫雏鸡盲肠病变评分的影响

处理组	盲肠病变记分	病变值
空白对照组（C组）	0.00±0.00[c]	0
阴性对照组（N组）	2.80±0.84[a]	28
阳性对照组（P组）	0.60±0.55[bc]	6
槟榔组（A1组）	2.60±0.55[a]	26
槟榔组（A2组）	2.40±1.14[a]	24
槟榔组（A3组）	2.00±0.71[ab]	20

注：肩标不同的小写字母表示差异显著，$P<0.05$。

槟榔提取物对感染球虫雏鸡血便记分的影响见表4.5，感染后第4～8天，阴性对照组和3个槟榔组雏鸡血便记分呈先上升后下降的趋势，感染后第5天、第6天是雏鸡排血便高峰。感染后第5～7天，空白对照组、阴性对照组、阳性对照组间血便记分差异显著（$P<0.05$）；感染后第4～5天，槟榔组与阴性对照组间血便记分差异均不显著（$P>0.05$）；感染后第6天，A2组、A3组与阴性对照组、阳性对照组间血便记分差异均不显著（$P>0.05$）；感染后第 7 天，3 个槟榔组与阳性对照组间血便记分差异均不显著（$P>0.05$）；感染后第 8 天，槟榔组 A2 组、A3 组与空白对照组、阳性对照组间血便记分差异均不显著（$P>0.05$）。

表 4.5 槟榔提取物对感染球虫雏鸡血便记分的影响

处理组	感染球虫后的天数				
	第 4 天	第 5 天	第 6 天	第 7 天	第 8 天
空白对照组（C 组）	0^{b}	0^{c}	0^{c}	0^{c}	0^{b}
阴性对照组（N 组）	2.40 ± 0.55^{a}	3.20 ± 0.45^{a}	3.00^{a}	2.00^{a}	1.20 ± 0.45^{a}
阳性对照组（P 组）	2.00^{a}	1.00^{b}	1.40 ± 0.55^{b}	1.20 ± 0.45^{b}	0.20 ± 0.45^{b}
槟榔组（A1 组）	2.20 ± 0.45^{a}	2.80 ± 0.84^{a}	2.80 ± 0.84^{a}	1.20 ± 0.45^{b}	0.60 ± 0.55^{ab}
槟榔组（A2 组）	2.00 ± 0.71^{a}	2.60 ± 0.55^{a}	2.20 ± 0.45^{ab}	0.60 ± 0.55^{bc}	0.20 ± 0.45^{b}
槟榔组（A3 组）	1.80 ± 0.45^{a}	2.40 ± 0.55^{a}	2.20 ± 0.45^{ab}	1.00 ± 0.00^{b}	0.20 ± 0.45^{b}

注：肩标不同的小写字母表示差异显著，$P<0.05$。

槟榔提取物对感染球虫雏鸡盲肠内容物卵囊数，卵囊值和保护率的影响见表 4.6，感染后第 9 天，阴性对照组分别与空白对照组、阳性对照组的盲肠内容物卵囊数差异显著（$P<0.05$），A1 组、A3 组分别与 C 组、N 组、P 组三个对照组相比，A1 组盲肠内容物卵囊数差异显著（$P<0.05$），A2 组盲肠内容物卵囊数分别与 C 组、N 组、P 组三个对照组差异显著（$P<0.05$），其他各组间差异不显著（$P>0.05$）；空白对照组、阳性对照组卵囊值为 0，阴性对照组和 3 个槟榔组卵囊值为 20。

表 4.6 槟榔提取物对感染球虫雏鸡盲肠内容物卵囊数、卵囊值和保护率的影响

处理	盲肠内容物卵囊数	卵囊值	保护率（%）
空白对照组（C 组）	0 ± 0^{d}	0	100.00
阴性对照组（N 组）	3102222 ± 88024^{a}	20	0
阳性对照组（P 组）	39556 ± 6012^{d}	0	98.72
槟榔组（A1 组）	2502222 ± 181394^{b}	20	19.34
槟榔组（A2 组）	2022222 ± 237143^{c}	20	34.81
槟榔组（A3 组）	2457778 ± 231836^{b}	20	20.77

注：肩标不同的小写字母表示差异显著，$P<0.05$。

槟榔提取物对感染球虫雏鸡卵囊数的影响如图 4.4 所示，感染后第 4～11 天，空白对照组卵囊数为 0 个，阴性对照组和 3 个槟榔组卵囊数呈先上升后下降的趋势，排卵囊高峰期为感染后第 7 天，A1 组能将高峰期提前 1 天。感染后第 7 天，A2 组的卵囊数显著低于阴性对照组、A1 组、A3 组（$P<0.05$），阳性对照组在饮水中停止加入地克珠利溶液后，卵囊数最低，之后卵囊数慢慢上升，与阴性对照组、3 个槟榔组处于同一水平；感染后第 11 天，A2 组卵囊数比阳性对照组、阴性对照组和 A1 组、A3 组还低，A1 组、A3 组卵囊数高于阴性对照组和阳性对照组。

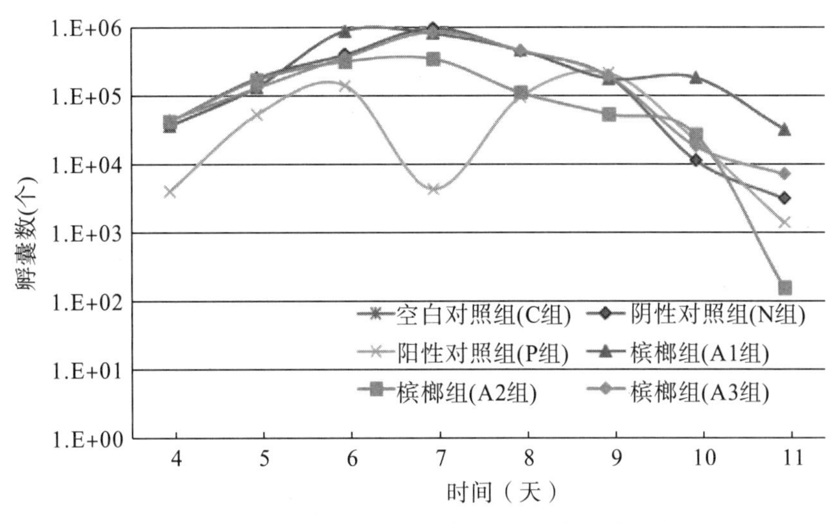

图 4.4 槟榔提取物对感染球虫雏鸡卵囊数的影响

感染后第 9 天，槟榔提取物对感染球虫雏鸡抗球虫指数的影响见表 4.7，阳性对照组的抗球虫指数为 167.91，抗球虫效果良好，3 个槟榔组的抗球虫指数分别为 128.48、126.53、141.11，抗球虫效果中等。

表 4.7 感染后第 9 天槟榔提取物对感染球虫雏鸡抗球虫指数的影响

处理组	鸡数（只）	存活率（%）	相对增重率（%）	病变值	卵囊值	抗球虫指数
空白对照组（C 组）	30	100.00	100.00	0	0	200.00
阴性对照组（N 组）	30	80.00	58.97	28.00	20.00	90.97
阳性对照组（P 组）	30	90.00	83.91	6.00	0	167.91
槟榔组（A1 组）	30	96.67	77.81	26.00	20.00	128.48
槟榔组（A2 组）	30	90.00	80.53	24.00	20.00	126.53
槟榔组（A3 组）	30	100.00	81.11	20.00	20.00	141.11

2. 槟榔提取物对感染球虫雏鸡盲肠结构的影响

感染后第 3 天，在 50 倍镜下观察，发现各组雏鸡之间盲肠组织形态差别不明显，都形成了盲肠皱褶，肌层厚度没有发生明显的变化，没有发现盲肠组织结构病变或者坏死，如图 4.5 所示。

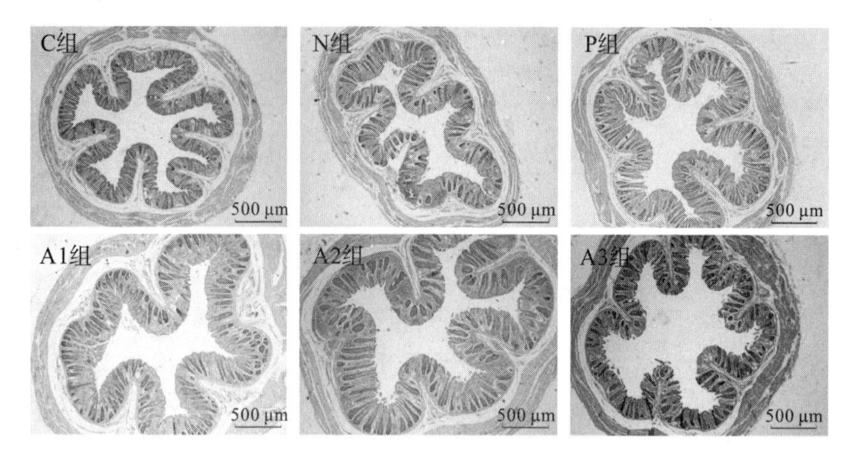

图 4.5　感染后第 3 天各组雏鸡盲肠组织结构显微观察（50 倍镜）

感染后第 3 天，在 400 倍镜下观察各组雏鸡盲肠组织结构，发现空白对照组雏鸡绒毛长度短且宽，绒毛之间的间距比较明显；阴性对照组雏鸡绒毛前端形成了保护层，绒毛间有空隙，但是绒毛结构比较模糊，阳性对照组雏鸡绒毛结构同样比较模糊；A1 组雏鸡绒毛比空白对照组长，绒毛结构比较清晰；A2 组雏鸡绒毛比空白对照组长，比 A1 组短，但绒毛之间空隙不明显，相互连在一起；A3 组与阴性对照组相似，绒毛前端形成了保护层，如图 4.6 所示。

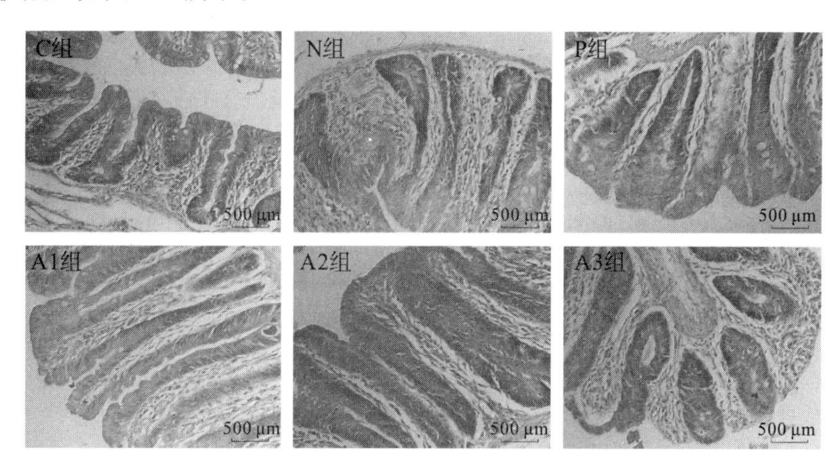

图 4.6　感染后第 3 天各组雏鸡盲肠组织结构显微观察（400 倍镜）

感染后第 9 天，各组雏鸡盲肠外观如图 4.7 所示，空白对照组、阳性对照组雏鸡盲肠呈淡黄色；阴性对照组试验鸡盲肠肿胀，呈血红色；3 个槟榔组雏鸡盲肠都呈血红色，但颜色比阴性对照组浅，其中 A2 组雏鸡盲肠出现肿胀。

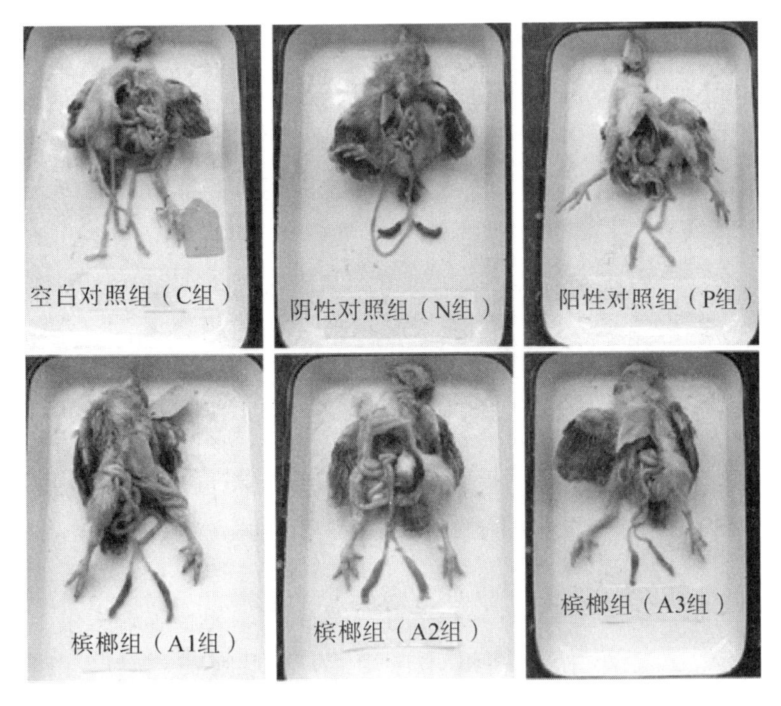

图 4.7 感染后第 9 天各组雏鸡盲肠外观

在 50 倍镜下观察，空白对照组、阳性对照组雏鸡盲肠黏膜表面平滑，形成盲肠皱褶，上皮细胞呈现纹状缘且完整、密集，肌层厚度没有发生明显变化（图 4.8）；阴性对照组雏鸡盲肠黏膜和黏膜下层融为一体，有坏死的碎片、残片，绒毛呈现病变、融合、钝化、坏死状，甚至脱落，没有盲肠褶皱，肌层组织明显增生，有蜂窝状外观；A1 组雏鸡盲肠黏膜和黏膜下层融为一体，出现透明管型腔，绒毛呈现融合、坏死状；A2 组雏鸡盲肠黏膜和黏膜下层融为一体，呈现蜂窝状外观，绒毛呈现病变、坏死、脱落状；A3 组雏鸡盲肠黏膜和黏膜下层与阴性对照组类似，但肌层厚度薄一些。

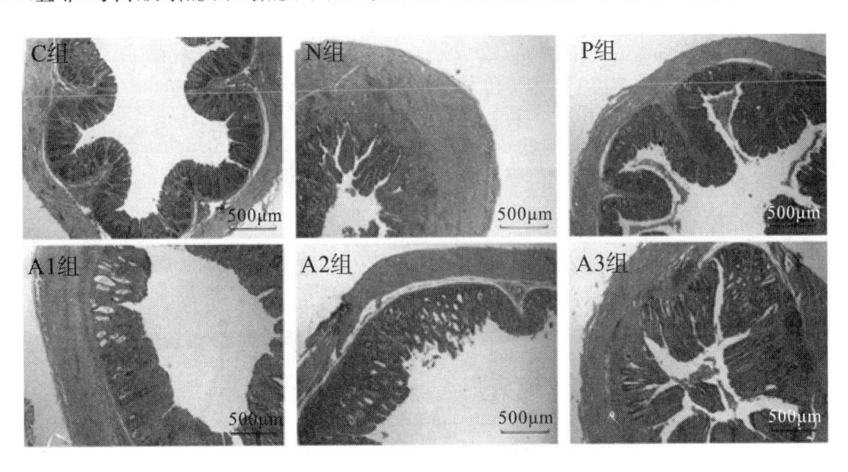

图 4.8 感染后第 9 天各组雏鸡盲肠组织结构显微观察（50 倍镜）

在 400 倍镜下观察，与空白对照组相比，阳性对照组盲肠绒毛长度短，结构比较紧密，嗜酸性细胞明显增多（图 4.9）；与阴性对照组相比，3 个槟榔组能看见盲肠绒毛的轮廓，绒毛间有清晰的间隙，但都存在大量的子孢子。

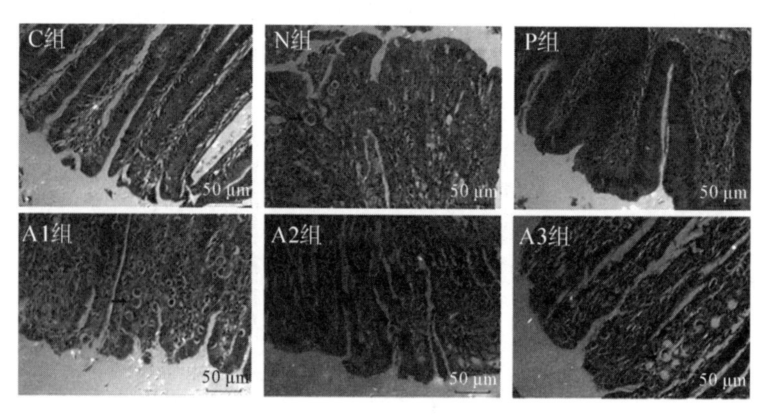

图 4.9 感染后第 9 天各组雏鸡盲肠组织结构显微观察（400 倍镜）

3. 槟榔提取物对感染球虫雏鸡血液指标的影响

感染前 1 天及感染后第 3 天，各组间红细胞数、白细胞数、血红蛋白浓度、红细胞比容和平均红细胞体积差异均不显著（$P>0.05$）。槟榔提取物对感染球虫雏鸡血液生理指标的影响见表 4.8，感染后第 6 天，阳性对照组红细胞数、红细胞比容显著高于 A3 组（$P<0.05$），阳性对照组血红蛋白浓度显著高于阴性对照组、A3 组（$P<0.05$），其余指标各组间差异均不显著（$P>0.05$）。感染后第 9 天，空白对照组血红蛋白浓度显著高于槟榔组（$P<0.05$），空白对照组红细胞比容显著高于 A2 组（$P<0.05$），其余指标各组间差异均不显著（$P>0.05$）。

表 4.8 槟榔提取物对感染球虫雏鸡血液生理指标的影响

处理组		红细胞数（10^9/L）	白细胞数（10^9/L）	血红蛋白浓度（g/L）	红细胞比容（%）	平均红细胞体积（fl）
感染前 1 天	空白对照组（C 组）	3.08±0.15	439.99±22.52	103.00±4.58	39.23±1.29	127.50±4.45
	阴性对照组（N 组）	3.08±0.15	439.99±22.52	103.00±4.58	39.23±1.29	127.50±4.45
	阳性对照组（P 组）	3.08±0.15	439.99±22.52	103.00±4.58	39.23±1.29	127.50±4.45
	槟榔组（A1 组）	2.78±0.14	504.49±19.66	92.67±4.93	35.77±1.37	128.73±1.98
	槟榔组（A2 组）	2.84±0.33	476.39±10.34	94.67±10.02	36.83±3.92	129.63±1.76
	槟榔组（A3 组）	2.52±0.45	410.78±83.60	82.33±18.01	33.73±6.10	134.00±2.48
感染后第 3 天	空白对照组（C 组）	2.61±0.06	440.31±51.13	84.33±1.15	32.60±0.30	124.77±1.78
	阴性对照组（N 组）	2.61±0.06	440.31±51.13	84.33±1.15	32.60±0.30	124.77±1.78
	阳性对照组（P 组）	2.53±0.28	444.26±16.95	83.33±13.58	32.03±3.86	126.73±4.95
	槟榔组（A1 组）	2.31±0.59	437.37±48.79	73.67±18.77	29.03±6.78	126.33±5.12
	槟榔组（A2 组）	2.58±0.36	443.89±30.67	83.67±15.53	32.17±4.63	124.47±1.57
	槟榔组（A3 组）	2.59±0.46	469.08±30.38	82.33±10.02	32.27±4.86	124.80±3.56

续表

处理组		红细胞数 (10^9/L)	白细胞数 (10^9/L)	血红蛋白浓度 (g/L)	红细胞比容 (%)	平均红细胞体积 (fl)
感染后第 6 天	空白对照组（C 组）	2.32±0.15^{ab}	394.78± 19.64	74.67± 5.51^{ab}	29.23±1.60^{ab}	126.20±7.79
	阴性对照组（N 组）	1.96±0.46^{ab}	339.94± 82.70	65.00±13.11^{b}	25.30±4.82^{ab}	129.53±5.62
	阳性对照组（P 组）	2.86±0.27^{a}	463.44± 64.06	95.33± 4.16^{a}	35.73±1.91^{a}	125.27±5.52
	槟榔组（A1 组）	2.00±0.40^{ab}	381.90± 43.28	66.33±14.15^{ab}	25.83±5.01^{ab}	129.47±0.90
	槟榔组（A2 组）	2.11±0.33^{ab}	403.04±100.82	66.00± 8.00^{ab}	26.20±3.69^{ab}	124.53±1.75
	槟榔组（A3 组）	1.85±0.43^{b}	388.49± 39.43	57.67±15.82^{b}	23.80±4.83^{b}	129.13±5.95
感染后第 9 天	空白对照组（C 组）	2.72±0.61	461.20±74.41	89.00±18.25^{a}	35.03±6.02^{a}	130.10± 8.06
	阴性对照组（N 组）	2.06±0.18	420.32±87.32	64.67± 3.79^{abc}	28.67±2.22^{ab}	139.03± 1.80
	阳性对照组（P 组）	2.43±0.16	387.01±37.50	80.67± 3.51^{ab}	32.07±1.82^{ab}	132.23± 2.78
	槟榔组（A1 组）	2.03±0.17	385.44±20.03	62.33± 3.51^{bc}	27.70±1.32^{ab}	137.13±10.10
	槟榔组（A2 组）	2.00±0.02	359.61±17.23	55.33± 3.21^{c}	25.00±0.89^{b}	125.23± 5.41
	槟榔组（A3 组）	2.00±0.21	376.49±58.66	61.00±10.44^{bc}	26.93±2.85^{ab}	134.60± 9.10

注：肩标不同的小写字母表示差异显著，$P<0.05$。

槟榔提取物对感染球虫雏鸡血清生化指标的影响见表 4.9，感染前 1 天及感染后第 3 天，各组间总蛋白、白蛋白、球蛋白、谷丙转氨酶、谷草转氨酶含量差异均不显著（$P>0.05$）。感染后第 6 天，空白对照组白蛋白含量显著高于 A1 组、A2 组（$P<0.05$），其余指标各组间差异均不显著（$P>0.05$）。感染后第 9 天，A1 组、A3 组总蛋白含量显著高于空白对照组和阴性对照组（$P<0.05$）；阳性对照组白蛋白含量显著高于 A2 组（$P<0.05$）；A3 组球蛋白含量显著高于 A1 组、阴性对照组和空白对照组（$P<0.05$），A1 组球蛋白含量显著高于空白对照组（$P<0.05$）；空白对照组、阳性对照组谷丙转氨酶含量显著高于 A2 组、A3 组（$P<0.05$），A1 组谷丙转氨酶含量显著高于 A3 组（$P<0.05$）；各组间谷草转氨酶含量差异均不显著（$P>0.05$）。

表 4.9 槟榔提取物对感染球虫雏鸡血清生化指标的影响

处理组		总蛋白含量 (g/L)	白蛋白含量 (g/L)	球蛋白含量 (g/L)	谷丙转氨酶含量 (U/L)	谷草转氨酶含量 (U/L)
感染前第 1 天	空白对照组（C 组）	29.07±1.60	16.17±0.97	12.90±1.23	4.67±1.15	307.33±12.50
	阴性对照组（N 组）	29.07±1.60	16.17±0.97	12.90±1.23	4.67±1.15	307.33±12.50
	阳性对照组（P 组）	29.07±1.60	16.17±0.97	12.90±1.23	4.67±1.15	307.33±12.50
	槟榔组（A1 组）	27.60±0.30	15.40±1.08	12.20±1.04	5.67±1.15	302.67±52.31
	槟榔组（A2 组）	29.10±3.62	15.07±1.07	14.03±2.61	5.33±1.15	300.00±61.26
	槟榔组（A3 组）	30.20±2.52	14.57±3.84	15.63±1.56	3.67±1.15	280.33±27.79

续表

处理组		总蛋白含量(g/L)	白蛋白含量(g/L)	球蛋白含量(g/L)	谷丙转氨酶含量(U/L)	谷草转氨酶含量(U/L)
感染后第3天	空白对照组（C组）	25.50±2.38	14.97±1.46	10.53±0.93	26.67±1.53	550.00±30.64
	阴性对照组（N组）	28.43±6.67	16.87±4.40	11.57±2.39	25.00±13.08	514.67±149.41
	阳性对照组（P组）	28.43±6.67	16.87±4.40	11.57±2.39	25.00±13.08	514.67±149.41
	槟榔组（A1组）	29.50±6.79	18.00±3.48	11.50±3.38	21.67±1.15	440.67±90.16
	槟榔组（A2组）	27.30±5.50	17.10±3.97	10.20±1.66	27.00±10.39	553.00±103.52
	槟榔组（A3组）	24.93±4.66	15.57±3.72	9.37±0.95	27.00±7.21	430.33±84.74
感染后第6天	空白对照组（C组）	40.97±4.94	26.23±2.03[a]	14.73±3.06	34.67±11.24	467.00±30.51
	阴性对照组（N组）	30.40±6.34	17.20±4.23[ab]	13.20±2.40	22.33±9.24	372.00±98.32
	阳性对照组（P组）	33.87±3.34	20.30±1.51[ab]	13.57±2.40	19.33±1.53	374.33±38.19
	槟榔组（A1组）	26.73±2.56	15.30±1.13[b]	11.43±2.92	21.33±4.73	354.33±27.02
	槟榔组（A2组）	28.33±5.62	16.77±3.71[b]	11.57±2.02	23.33±11.93	413.00±41.58
	槟榔组（A3组）	31.07±12.84	17.07±5.60[ab]	13.90±7.37	21.67±5.03	380.00±132.37
感染后第9天	空白对照组（C组）	24.87±0.46[b]	15.07±1.01[ab]	9.80±0.90[c]	15.00±1.00[a]	252.33±34.50
	阴性对照组（N组）	25.77±2.57[b]	14.03±0.86[ab]	11.73±0.86[bc]	13.67±1.53[abc]	297.33±12.66
	阳性对照组（P组）	29.73±0.92[ab]	17.10±0.79[a]	12.63±1.56[abc]	15.33±1.15[a]	271.67±27.15
	槟榔组（A1组）	31.67±2.21[a]	16.27±1.10[ab]	15.40±1.61[b]	14.33±1.53[ab]	281.00±34.60
	槟榔组（A2组）	26.87±2.31[ab]	12.60±2.01[b]	14.27±1.34[ab]	10.67±1.53[bc]	264.33±32.62
	槟榔组（A3组）	31.63±1.59[a]	15.63±2.54[ab]	16.00±1.00[a]	10.33±1.53[c]	281.67±31.34

注：肩标不同的小写字母表示差异显著，$P<0.05$。

榔提取物对感染球虫雏鸡尿酸和血清电解质的影响见表4.10，感染前1天，各组间尿酸含量及K^+、Na^+和Cl^-浓度差异均不显著（$P>0.05$），A1组Ca^{2+}浓度显著高于空白对照组、阴性对照组、阳性对照组和A3组（$P<0.05$）。感染后第3天，空白对照组尿酸含量显著高于A1组（$P<0.05$），其余指标各组间差异均不显著（$P>0.05$）。感染后第6天，阳性对照组Na^+浓度显著高于A2组和阴性对照组，空白对照组、A3组Na^+浓度显著高于阴性对照组（$P<0.05$）；空白对照组、阳性对照组Cl^-浓度显著高于阴性对照组（$P<0.05$）；其余指标各组间差异均不显著（$P>0.05$）。感染后第9天，A3组尿酸含量显著高于空白对照组、阴性对照组及A1组（$P<0.05$），阳性对照组尿酸含量显著高于空白对照组、阴性对照组和A1组（$P<0.05$），A2组、阴性对照组尿酸含量显著高于A1组（$P<0.05$）；阴性对照组、阳性对照组、A1组Cl^-浓度显著高于A2组、A3组（$P<0.05$），其余指标各组间差异均不显著（$P>0.05$）。

表 4.10 槟榔提取物对感染球虫雏鸡尿酸和血清电解质的影响

处理组		尿酸含量(mol/L)	Ca^{2+}浓度(mmol/L)	K^{+}浓度(mmol/L)	Na^{+}浓度(mmol/L)	Cl^{-}浓度(mmol/L)
感染前1天	空白对照组（C组）	931.33±170.19	2.05±0.14^{b}	7.47±0.51	142.33±4.51	111.00±7.94
	阴性对照组（N组）	931.33±170.19	2.05±0.14^{b}	7.47±0.51	142.33±4.51	111.00±7.94
	阳性对照组（P组）	931.33±170.19	2.05±0.14^{b}	7.47±0.51	142.33±4.51	111.00±7.94
	槟榔组（A1组）	986.33±183.83	2.38±0.16^{a}	7.13±0.06	146.33±3.21	110.67±2.31
	槟榔组（A2组）	868.00±463.37	2.22±0.10^{ab}	7.30±0.66	144.00±1.73	110.00±2.00
	槟榔组（A3组）	759.00±470.21	2.06±0.12^{b}	6.53±0.71	139.67±6.66	105.67±3.21
感染后第3天	空白对照组（C组）	784.67±138.93^{a}	2.38±0.06	6.77±0.95	162.67±2.31	121.00±2.65
	阴性对照组（N组）	531.33±69.15^{ab}	2.77±0.74	7.40±2.27	164.00±5.00	122.33±5.69
	阳性对照组（P组）	531.33±69.15^{ab}	2.77±0.74	7.40±2.27	164.00±5.00	122.33±5.69
	槟榔组（A1组）	452.67±181.02^{b}	2.89±0.36	6.57±1.95	158.33±1.15	116.33±5.77
	槟榔组（A2组）	557.00±76.08^{ab}	2.69±0.18	6.67±0.81	160.00±2.00	120.00±2.65
	槟榔组（A3组）	598.00±59.92^{ab}	2.55±0.20	6.37±0.93	163.00±5.57	122.00±6.08
感染后第6天	空白对照组（C组）	545.33±33.26	3.50±0.82	9.77±0.91	194.67±1.53^{ab}	154.33±11.02^{a}
	阴性对照组（N组）	431.67±164.26	3.04±0.55	10.13±2.87	158.00±1.00^{c}	117.33±12.05^{b}
	阳性对照组（P组）	585.67±107.82	2.98±0.24	7.63±1.67	205.33±0.58^{a}	155.00±10.15^{a}
	槟榔组（A1组）	529.67±204.02	2.68±0.28	9.80±1.71	183.67±17.21^{abc}	140.67±11.15^{ab}
	槟榔组（A2组）	584.00±190.94	2.58±0.19	9.83±2.21	169.67±16.86^{bc}	138.33±15.18^{ab}
	槟榔组（A3组）	806.33±194.34	2.75±0.36	10.03±1.88	190.67±7.09^{ab}	148.67±13.50^{ab}
感染后第9天	空白对照组（C组）	335.00±14.42^{cd}	3.11±0.27	4.53±0.35	150.67±5.69	112.33±4.93^{ab}
	阴性对照组（N组）	381.33±57.95^{c}	2.97±0.27	4.83±1.17	150.33±4.93	114.33±1.15^{a}
	阳性对照组（P组）	529.67±34.59^{ab}	2.79±0.52	5.67±1.63	150.00±1.00	115.33±2.08^{a}
	槟榔组（A1组）	261.67±47.65^{d}	2.88±0.25	5.23±0.70	149.67±2.52	113.67±2.52^{a}
	槟榔组（A2组）	427.67±23.16^{bc}	2.64±0.16	6.63±1.78	148.00±2.65	107.00±3.61^{b}
	槟榔组（A3组）	549.33±50.29^{a}	2.61±0.42	5.37±0.59	147.33±3.06	107.33±2.52^{b}

注：肩标不同的小写字母表示差异显著，$P<0.05$。

槟榔提取物对感染球虫雏鸡血清中抗氧化指标的影响见表4.11，感染后第3天，A1组、A2组一氧化氮浓度显著高于空白对照组（$P<0.05$），A3组一氧化氮浓度显著低于阴性对照组、阳性对照组、A1组和A2组（$P<0.05$）；A2组活性氧基团浓度显著高于其他各组（$P<0.05$），A3组活性氧基团浓度显著高于阴性对照组、阳性对照组（$P<0.05$）；其余指标各组间差异均不显著（$P>0.05$）。感染后第6天，空白对照组和A3组一氧化氮浓度显著高于阳性对照组和A1组（$P>0.05$）；A1组活性氧基团浓度显著高于其他各组（$P<0.05$），阳性对照组、A2组和A3组活性氧基团浓度显著高于空白对照组、阴性对照组（$P<0.05$）；其余指标各组间差异均不显著（$P>0.05$）。感染后第9天，空白对照组、阴性对照组和A1组一氧化氮浓度显著高于A2组（$P<0.05$）；A1组、A2组活性氧基团浓度显著高于其他各组（$P<0.05$），阳性对照组活性氧基团浓度显著高于空白对照组、阴性对照组和A3组（$P<0.05$），A3组活性氧基团浓度显著高于空白对照组、阴性对照组（$P<0.05$）；其余指标各组间差异均不显著（$P>0.05$）。

表4.11　槟榔提取物对感染球虫雏鸡血清中抗氧化指标的影响

处理组		一氧化氮浓度（μmol/L）	一氧化氮合酶浓度（U/mL）	活性氧基团浓度（pg/mL）
感染后第3天	空白对照组（C组）	3.06 ± 0.36^{bc}	23.58 ± 0.65	2608 ± 73^{bc}
	阴性对照组（N组）	4.14 ± 0.64^{ab}	23.14 ± 2.54	2517 ± 65^{c}
	阳性对照组（P组）	4.14 ± 0.64^{ab}	23.14 ± 2.54	2517 ± 65^{c}
	槟榔组（A1组）	5.23 ± 0.17^{a}	18.95 ± 0.95	2592 ± 33^{bc}
	槟榔组（A2组）	4.86 ± 0.54^{a}	22.01 ± 2.61	3125 ± 17^{a}
	槟榔组（A3组）	2.70 ± 0.59^{c}	20.95 ± 2.75	2716 ± 8^{b}
感染后第6天	空白对照组（C组）	5.59 ± 0.31^{a}	19.93 ± 1.04	1290 ± 15^{c}
	阴性对照组（N组）	4.68 ± 0.79^{ab}	22.47 ± 6.39	1325 ± 10^{c}
	阳性对照组（P组）	3.45 ± 0.27^{b}	21.15 ± 0.26	1500 ± 15^{b}
	槟榔组（A1组）	3.24 ± 0.94^{b}	20.78 ± 2.24	1707 ± 8^{a}
	槟榔组（A2组）	4.59 ± 0.23^{ab}	20.81 ± 1.63	1543 ± 40^{b}
	槟榔组（A3组）	5.66 ± 0.57^{a}	17.56 ± 4.03	1520 ± 15^{b}
感染后第9天	空白对照组（C组）	4.14 ± 0.49^{a}	28.00 ± 4.86	2566 ± 42^{d}
	阴性对照组（N组）	4.32 ± 0.40^{a}	27.58 ± 1.35	2541 ± 33^{d}
	阳性对照组（P组）	3.24 ± 0.54^{ab}	21.61 ± 2.95	2720 ± 13^{c}
	槟榔组（A1组）	4.53 ± 0.23^{a}	27.95 ± 1.08	2900 ± 25^{b}
	槟榔组（A2组）	2.52 ± 0.83^{b}	24.66 ± 3.61	2853 ± 77^{b}
	槟榔组（A3组）	3.41 ± 0.61^{ab}	24.58 ± 2.65	2608 ± 73^{a}

注：肩标不同的小写字母表示差异显著，$P<0.05$。

槟榔提取物对感染球虫雏鸡血清中细胞因子的影响见表4.12，感染后第3天，空白对照组和A2组白细胞介素－2浓度显著高于其他各组（$P<0.05$），A1组白细胞介素－2浓度显著高于阴性对照组、阳性对照组和A3组（$P<0.05$）；A2组，A3组干扰素－γ浓度显著高于其他各组（$P<0.05$）；空白对照组和A3组肿瘤坏死因子－α浓度显著高于阴性对照组、阳性对照组（$P<0.05$）；A2组肿瘤坏死因子－β浓度显著高于阴性对照组、阳性对照组（$P<0.05$）；A2组巨噬细胞移动抑制因子浓度显著高于其他各组（$P<0.05$）；其余指标各组间差异均不显著（$P>0.05$）。

感染后第6天，阳性对照组白细胞介素－2浓度显著高于空白对照组、阴性对照组和A2组（$P<0.05$）；A2组干扰素－γ浓度显著高于阴性对照组、阳性对照组、A1组

和A3组（$P<0.05$）；阳性对照组肿瘤坏死因子－α浓度显著高于阴性对照组、A1组、A2组和A3组（$P<0.05$）；阳性对照组巨噬细胞移动抑制因子浓度显著高于其他各组（$P<0.05$），空白对照组和A1组巨噬细胞移动抑制因子浓度显著高于阴性对照组、A2组和A3组（$P<0.05$）；其余指标各组间差异均不显著（$P>0.05$）。

感染后第9天，A1组白细胞介素－2浓度显著高于空白对照组、阴性对照组、阳性对照组和A2组（$P<0.05$），阴性对照组白细胞介素－2浓度显著低于A3组（$P<0.05$）；A2组干扰素－γ浓度显著高于空白、阴性对照组（$P<0.05$），A3组干扰素－γ浓度显著高于空白对照组、阴性对照组和阳性对照组（$P<0.05$）；槟榔组肿瘤坏死因子－β浓度显著高于空白对照组、阳性对照组（$P<0.05$）；空白对照组、阳性对照组和A1组巨噬细胞移动抑制因子浓度显著高于阴性对照组、A2组和A3组（$P<0.05$）；其余指标各组间差异均不显著（$P>0.05$）。

表4.12　槟榔提取物对感染球虫雏鸡血清中细胞因子的影响

处理组		白细胞介素－2浓度（ng/L）	干扰素－γ浓度（ng/L）	肿瘤坏死因子－α浓度（ng/L）	肿瘤坏死因子－β浓度（ng/L）	巨噬细胞移动抑制因子浓度（ng/L）
感染后第3天	空白对照组（C组）	290.50±5.00^{a}	54.93±2.17^{b}	102.63±14.57^{a}	54.48±1.00^{ab}	102.15±7.84^{b}
	阴性对照组（N组）	227.17±7.64^{c}	51.89±1.42^{b}	68.55±4.14^{b}	52.36±4.91^{b}	98.51±5.23^{b}
	阳性对照组（P组）	227.17±7.64^{c}	51.89±1.42^{b}	68.55±4.14^{b}	52.36±4.91^{b}	98.51±5.23^{b}
	槟榔组（A1组）	270.50±5.00^{b}	51.81±2.87^{b}	81.46±3.15^{ab}	59.02±4.91^{ab}	104.93±1.27^{b}
	槟榔组（A2组）	298.67±5.92^{a}	63.09±1.41^{a}	82.98±16.62^{ab}	62.44±3.00^{a}	122.22±2.19^{a}
	槟榔组（A3组）	238.83±7.64^{c}	62.92±2.39^{a}	112.78±9.86^{a}	54.12±2.67^{ab}	92.06±3.54^{b}
感染后第6天	空白对照组（C组）	243.83±2.89^{b}	60.49±1.8^{ab}	93.23±1.13^{ab}	50.24±2.55	91.03±6.25^{b}
	阴性对照组（N组）	233.83±11.55^{b}	53.89±4.18^{b}	87.53±2.15^{b}	49.24±3.34	63.96±4.39^{c}
	阳性对照组（P组）	295.33±10.00^{a}	58.58±2.62^{b}	103.03±9.99^{a}	53.47±3.71	109.53±2.13^{a}
	槟榔组（A1组）	250.33±20.00^{ab}	58.58±1.76^{b}	87.53±6.12^{b}	51.47±5.46	90.35±7.12^{b}
	槟榔组（A2组）	233.83±20.82^{b}	66.56±2.76^{a}	82.47±2.52^{b}	51.47±5.93	73.22±3.13^{c}
	槟榔组（A3组）	252.17±29.30^{ab}	57.53±3.47^{b}	82.98±4.93^{b}	47.02±3.67	69.44±7.31^{c}
感染后第9天	空白对照组（C组）	318.00±7.50^{bc}	63.26±7.73^{c}	101.11±13.67	55.47±3.33^{b}	138.26±6.70^{a}
	阴性对照组（N组）	283.83±10.41^{c}	65.00±0.52^{c}	124.90±16.06	64.13±3.51^{ab}	99.58±4.18^{b}
	阳性对照组（P组）	310.50±25.98^{bc}	66.82±7.03^{bc}	95.61±14.92	57.13±3.18^{b}	128.54±3.63^{a}
	槟榔组（A1组）	390.50±8.66^{a}	76.20±5.99^{abc}	100.10±4.92	70.53±3.70^{a}	133.50±3.15^{a}
	槟榔组（A2组）	313.83±18.93^{bc}	80.36±1.82^{ab}	97.76±9.22	72.80±5.21^{a}	100.28±5.21^{b}
	槟榔组（A3组）	347.17±20.82^{ab}	84.97±4.24^{a}	114.04±3.66	70.80±3.67^{a}	92.43±6.77^{b}

注：肩标不同的小写字母表示差异显著，$P<0.05$。

综上所述，在雏鸡日粮中添加100～300 mg/kg槟榔提取物的抗球虫效果为中等，其中200 mg/kg槟榔提取物可以明显降低粪便卵囊数；通过H.E染色观察盲肠病理组织学变化，发现在日粮中添加槟榔提取物能够缓解感染球虫后雏鸡盲肠组织结构损伤，但槟榔组之间缓解程度差异不明显；在日粮中添加100 mg/kg、200 mg/kg槟榔提取物可维持感染球虫雏鸡血清中Na^{+}、Cl^{-}浓度的恒定，降低肝脏损伤，同时可提高白细胞介素－2、干扰素－γ、肿瘤坏死因子－α、肿瘤坏死因子－β和巨噬细胞移动抑制因子的浓度，增强机体的免疫力。

4.4 槟榔提取物对畜禽致病菌的抑制作用

大肠杆菌、沙门氏菌及金黄色葡萄球菌是较常见的引起人类和畜禽细菌性肠道疾病的致病菌，严重危害人类和动物的安全。随着我国畜禽养殖业的发展，畜禽肠道致病菌多重感染、抗生素长期大量使用带来的畜禽产品安全问题日益突出，因此亟待开发抗菌活性高、低毒性、低残留、广谱的饲料添加剂以提高畜禽肠道细菌多重感染性疾病的控制水平。周璐丽等（2014）研究了槟榔乙醇提取物对猪、鸡生产中几种常见致病菌（猪大肠杆菌、鸡大肠杆菌、金黄色葡萄球菌、鸡沙门氏菌）的体外抑制效果。

4.4.1 槟榔提取物的制备及测试方法

在市场上购买槟榔青果，将其切碎并置于50 ℃烘箱中烘烤48 h，粉碎后得到干样。称取适量干样，加入14倍体积的85%乙醇，在85 ℃条件下热回流提取4 h，抽滤后旋转蒸发得到浸膏。取浸膏5 g，采用丙酮溶剂定容至10 mL，得到浓度为0.5 g/mL的槟榔乙醇提取物，用无菌滤膜过滤。

将5种菌株分别置于2 mL灭菌营养肉汤试管中进行纯培养。取0.5 mL经纯培养后的菌悬液，加入4.5 mL的灭菌营养肉汤中，依次进行10倍倍比稀释。试验采用10^{-5}、10^{-6}、10^{-7}和10^{-8}浓度涂板，每个浓度做3个平行，选取菌落数在30～300之间进行计数。算得菌悬液浓度后，将其配制成10×10^{5} CFU/mL试验菌液。

采用试管倍比稀释法，在每支试管中加入1 mL灭菌营养肉汤，向第1支试管中加入1 mL槟榔提取物溶液（浓度为1 g/mL），摇匀，然后吸取1 mL混合溶液加入第2支试管，摇匀后，再吸取1 mL混合溶液加入第3支试管，依次类推，共设置6个药物稀释梯度。第7支试管为阳性对照组，第8支试管为阴性对照组。将1 mL 10×10^{5} CFU/mL试验菌液分别加入上述各试管中，阴性对照组加入1 mL灭菌营养肉汤。混匀后，将上述试管放入37 ℃培养箱中培养24 h，通过肉眼观察试管中培养物若澄清、透明、无混浊，则该试管药物浓度为菌株的最低抑菌浓度。

挑选出上述澄清、透明、无混浊培养物的试管，置于37 ℃条件下继续培养24 h，将含有鸡大肠杆菌和猪大肠杆菌（猪大肠埃希菌）的培养物接种到麦康凯琼脂培养基平板上。将含有鸡沙门氏菌的试管培养物接种到SS琼脂培养基平板上，将含有金黄色葡萄球菌试管培养物接种到Baird-Parker琼脂基础培养基平板上，在37 ℃条件下培养18 h，以无菌生长平板对应的试管内药物浓度为该菌株的最低杀菌浓度。

4.4.2　结果与分析

槟榔提取物浓度在 31.25 mg/mL 时可抑制鸡沙门氏菌和鸡金黄色葡萄球菌的生长，浓度在 62.50 mg/mL 时可抑制鸡大肠杆菌、猪大肠杆菌、猪金黄色葡萄球菌的生长。槟榔提取物浓度对几种致病菌的抑菌效果见表 4.13。

表 4.13　槟榔提取物浓度对几种致病菌的抑菌效果

致病菌株	提取物浓度（mg/mL）（按原料计）						阳性对照	阴性对照
	250.00	125.00	62.50	31.25	15.60	7.80		
鸡大肠杆菌	－	－	－	＋	＋	＋＋	＋＋	－
鸡沙门氏菌	－	－	－	－	＋	＋＋	＋＋	－
鸡金黄色葡萄球菌	－	－	－	－	＋	＋＋	＋＋	－
猪大肠杆菌	－	－	－	＋	＋＋	＋＋	＋＋	－
猪金黄色葡萄球菌	－	－	－	＋	＋＋	＋＋	＋＋	－

注：“－”和“＋”表示肉眼观察试管内培养基的浑浊程度。培养基透明度越高，说明细菌在培养基内繁殖越少，药物抑菌作用越强；反之，培养基浑浊度越高，说明细菌在培养基内繁殖越多，药物抑菌作用越弱。“－”为澄清透明，“＋”为轻微浑浊，“＋＋”为浑浊。阳性对照：培养基中只加细菌，不加药物。阴性对照：培养基中不加药物、不加细菌。

槟榔提取物对鸡沙门氏菌和鸡金黄色葡萄球菌的最低抑菌浓度和最低杀菌浓度分别为 31.25 mg/mL 和 62.50 mg/mL，对鸡大肠杆菌、猪大肠杆菌、猪金黄色葡萄球菌的最低抑菌浓度和最低杀菌浓度分别为 62.50 mg/mL 和 125.00 mg/mL。槟榔提取物对几种致病菌的最低抑菌浓度和最低杀菌浓度见表 4.14。

表 4.14　槟榔提取物对几种致病菌的最低抑菌浓度和最低杀菌浓度

致病菌株	最低抑菌浓度（mg/mL）	最低杀菌浓度（mg/mL）
鸡大肠杆菌	62.50	125.00
鸡沙门氏菌	31.25	62.50
鸡金黄色葡萄球菌	31.25	62.50
猪大肠杆菌	62.50	125.00
猪金黄色葡萄球菌	62.50	125.00

畜禽受大肠杆菌、沙门氏菌等致病菌感染后，易发生消化系统疾病，如新生幼畜腹泻、痢疾等。畜禽受致病性金黄色葡萄球菌感染后，会引起局部化脓感染及败血症等。该试验中槟榔提取物对五种猪、鸡常见致病菌具有一定的抑制作用，特别是对鸡大肠杆菌和鸡金黄色葡萄球菌作用明显。但槟榔提取物对五种猪、鸡常见致病菌的最低抑菌浓度（31.25～62.50 mg/mL）和最低杀菌浓度（62.50～125.00 mg/mL）与抗生素相比，还有一定差距。众所周知，在畜牧业生产中长期、大量使用抗生素作为饲粮添加剂易造

成药物残留，已严重影响畜禽产品的质量。另外抗生素的滥用会导致畜禽多重耐药与交叉耐药。植物提取物本身具有低毒、低残留、低耐药性，是抗生素所不具备的。同时，植物提取物的作用不光体现在抑菌方面，更重要的是其中含有的多种活性成分能够调节畜禽机体的免疫力，从而达到抵抗病原微生物的目的。

参考文献

[1] Aizad I R, Jugah K, Mahmud T M M, et al. Potential of the extract from the nut of Areca catechu to control mango anthracnose [J]. Pertanika Journal of Tropical Agricultural Science, 2015, 38 (3): 375-388.

[2] Arathi G, Venkateshbabu N, Deepthi M, et al. In vitro antimicrobial efficacy of aqueous extract of areca nut against *Enterococcus* faecalis [J]. Indian Journal of Research in Pharmacy and Biotechnology, 2015, 3 (2): 147-150.

[3] Barker L, Bueding E, Timms A R. The possible role of acetylcholine in Schistosoma mansoni [J]. British Journal of Pharmacology and Chemotherapy, 2012, 26 (3): 656-665.

[4] Boniface P, Verma S, Cheema H, et al. Evaluation of antimalarial and antimicrobial activites of extract and fractions from Areca catechu [J]. International Journal of Infectious Diseases, 2014, 21: 228-229.

[5] Chen J H, Wang H, Chen J X, et al. Frontiers of parasitology research in the People's Republic of China: infection, diagnosis, protection and surveillance [J]. Parasit Vectors, 2012, 5 (1): 221-230.

[6] Colquhoun L, Holden-Dye L, Walker R J. The pharmacology of cholinoceptors on the somatic muscle cells of the parasitic nematode Ascaris suum [J]. The Journal of Experimental Biology, 1991, 158 (158): 509-530.

[7] Jenkins M C, Parker C, O'Brien C, et al. Differing susceptibilities of Eimeria acervulina, Eimeria maxima, and Eimeria tenella oocysts to desiccation [J]. Journal of Parasitology, 2013, 99 (5): 899-902.

[8] Jeyathilakan N, Murali K, Anandaraj A, et al. In vitro evaluation of anthelmintic property of herbal plants against Fasciola gigantica [J]. Indian Journal of Animal Sciences, 2010, 80 (11): 1070-1074.

[9] Kusumoto I T, Nakabayashi T, Kida H, et al. Screening of various plant extracts used in ayurvedic medicine fo rinhibitory effects onhuman immunodeficiency virus type 1 (HIV-1) protease [J]. Phytotherapy Research, 1995, 9 (3): 180-184.

[10] Li T, Ito A, Chen X, et al. Usefulness of pumpkin seeds combined with areca nut extract in community-based treatment of human taeniasis in northwest Sichuan Province, China [J]. Acta Tropica, 2012, 124 (2): 152-157.

[11] Mellin T N, Busch R D, Wang C C, et al. Neuropharmacology of the parasitic trematode, Schistosoma mansoni [J]. The American Journal of Tropical Medicine and Hygiene, 1983, 32 (1): 83-93.

[12] Peng W, Liu Y J, Wu N, et al. Areca catechu L. (Arecaceae): A review of its traditional uses, botany, phytochemistry, pharmacology and toxicology [J]. Journal of Ethnopharmacology, 2015, 164: 340-356.

[13] Wang D F, Zhou L L, Li W, et al. Anticoccidial effects of areca nut (Areca catechu L.) extract on broiler chicks experimentally infected with Eimeria tenella [J]. Experimental Parasitology, 2018, 184: 16-21.

[14] 查传龙，陈光裕，吴美娟. 槟榔厚朴等对肝吸虫作用的体外观察 [J]. 南京中医学院学报，1990，6 (4)：34-37.

[15] 陈冬梅，慕邵峰，汪海. 激活血管内皮细胞乙酰胆碱作用靶标的抗血栓作用及其分子机 [J]. 中国药理学通报，2002，18 (5)：527-531.

[16] 陈良秋，万玲. 我国引种槟榔时间及其他 [J]. 中国农村小康科技，2007 (2)：48-50.

[17] 组超，张其中，罗芬. 20 种中草药杀灭离体小瓜虫的药效研究 [J]. 淡水渔业，2010，40 (1)：55-60.

[18] 龚茵茵，杨大伟. 槟榔鞣质水解条件的优化及其对多酚抗氧化活性的影响 [J]. 包装与食品机械，2016，34 (4)：15-19.

[19] 何昌浩，夏国瑾，李桂玲，等. 槟榔碱与灭螺药物合用的增效作用研究 [J]. 中国血吸虫病防治杂志，1999，11 (4)：215-216.

[20] 黄国强. 槟榔粉驱牧犬绦虫 [J]. 新疆农垦科技，1980 (3)：28.

[21] 黄玉林，袁腊梅，兰淑惠，等. 槟榔提取物抗菌活性的研究 [J]. 食品科技，2009，34 (1)：202-204.

[22] 李彩芹，赵平，代开金，等. 饲料中添加常山、槟榔对兔球虫的防治试验 [J]. 山东畜牧兽医，2010 (3)：7-8.

[23] 李鸿斌，朱进，车英，等. 槟榔和南瓜子治疗布朗族人群绦虫病 204 例疗效观察 [J]. 中国热带医学，2013，13 (8)：1027-1028.

[24] 李韦，周璐丽，王定发，等. 槟榔提取物对球虫感染鸡盲肠组织结构的影响 [J]. 黑龙江畜牧兽医，2016 (9)：187-189，298-300.

[25] 李韦，周璐丽，王定发，等. 槟榔提取物对球虫感染鸡血液指标及抗球虫效果的影响 [J]. 中国畜牧兽医，2015，42 (11)：3056-3064.

[26] 李献军. 中药对离体猪蛔虫的疗效研究 [J]. 现代农业科技，2011 (11)：328，330.

[27] 李泱，夏国瑾，姚伟星，等. 低浓度槟榔碱对钉螺足跖平滑肌收缩和对豚鼠心室肌细胞钙内流作用的实验研究 [J]. 中国血吸虫病防治杂志，2000 (2)：94-96.

[28] 梁宁霞. 槟榔药理作用研究进展 [J]. 江苏中医药，2004 (8)：55-57.

[29] 刘文杰. 槟榔中生物碱的提取纯化及其抑菌性能研究 [D]. 北京：北京林业大

学，2012.
[30] 刘月丽，徐汪伟，周丹，等. 海南槟榔提取物抗衰老作用研究 [J]. 中国热带医学，2017，17 (2)：123-125.
[31] 卢福庄，张雪娟，付媛，等. 中草药防治鸡、兔球虫病的研究进展 [J]. 浙江农业学报，2007 (3)：253-257.
[32] 马锦裕，沈一平，林绍之. 吡喹酮与硫双二氯酚、槟榔丸剂治疗姜片虫病的疗效比较观察 [J]. 江苏医药，1981 (6)：5-7.
[33] 欧阳新平，周寿红，田绍文，等. 槟榔碱对泡沫细胞胆固醇流出和 ABCA1 表达的影响 [J]. 中国动脉硬化杂志，2012，20 (4)：289-294.
[34] 山丽梅，张锦超，赵艳玲，等. 槟榔碱抗动脉粥样硬化分子机制的研究 [J]. 中国药理学通报，2004，20 (2)：146-151.
[35] 石翠格，胡刚，汪海. 天然药物槟榔碱对氧化低密度脂蛋白致血管内皮细胞损伤的保护作用研究 [J]. 科学技术与工程，2007，17 (12)：2780-2783.
[36] 宋晓平，于三科，张为民，等. 杀螨植物药及其有效部位的离体筛选试验 [J]. 西北农林科技大学学报（自然科学版），2002 (6)：69-72.
[37] 唐菲，王豪，刘维俊. 氢溴酸槟榔碱抗血栓作用的研究 [J]. 中国医院药学杂志，2009，29 (10)：791-793.
[38] 唐敏敏，宋菲，王辉，等. 槟榔多糖的抗氧化活性及其对细胞内氧化损伤抑制作用的研究 [J]. 热带作物学报，2015，36 (6)：1136-1141.
[39] 田喜凤，戴建军，董路，等. 槟榔南瓜子合剂对猪带绦虫作用的超微结构观察 [J]. 中国寄生虫病防治杂志，2002 (6)：47-48，84.
[40] 田雪芬. 槟榔青果不同方法提取物生物活性研究 [D]. 开封：河南大学，2015.
[41] 王定寰，钟昌梅. 复方槟榔丸治疗 103 例早、中、晚期血吸虫病初步总结报告 [J]. 中医杂志，1958 (9)：616-618.
[42] 王高学，徐钰，王建华，等. 29 种天然植物提取物对指环虫杀灭作用的研究 [J]. 淡水渔业，2006 (3)：3-8.
[43] 王连平，卢少达，张启祥，等. 左旋咪唑与槟榔粉合用驱除犬弓首蛔虫和泡状带绦虫效果观察 [J]. 中兽医医药杂志，2005 (3)：58-59.
[44] 肖啸，肖焰，沈学文，等. 槟榔驱除犬绦虫试验效果观察 [J]. 中国畜牧兽医，2009，36 (2)：135-137.
[45] 徐兆骥，傅宝珍，马亦林，等. 槟榔加呋喃丙胺治疗慢性血吸虫病的疗效观察 [J]. 浙江大学学报，1982 (S1)：207-209.
[46] 许正敏，李智山，温茂兴，等. 槟榔对犬钩蚴体外作用的实验观察 [J]. 中国病原生物学杂志，2010，5 (10)：767-768，805.
[47] 杨发荣，杨凌岩. 南瓜子、槟榔治疗无钩绦虫病 50 例 [J]. 中国中医急症，1996，5 (1)：19.
[48] 杨家芬，欧阳颗. 清热解毒中药对 3 种肠道寄生原虫的体外抑制作用 [J]. 中国抗感染化疗杂志，2001 (1)：43-49.

[49] 杨文强，王红程，王文婧，等. 槟榔化学成分研究［J］. 中药材，2012（3）：400－403.
[50] 杨忠，范崇正，殷关麟，等. 槟榔杀灭钉螺的效果观察［J］. 中国血吸虫病防治杂志，2005，17（3）：215－217.
[51] 袁列江，李忠海，郑锦星. 槟榔提取物对大白鼠血脂调节作用的研究［J］. 食品科技，2009，34（2）：188－192.
[52] 张璐，郑亚军，李艳，等. 槟榔籽乙醇提取物抗氧化性的研究［J］. 食品研究与开发，2016，37（8）：1－4.
[53] 张兴，梅文莉，曾艳波，等. 槟榔果实的酚类化学成分与抗菌活性的初步研究［J］. 热带亚热带植物学报，2009，17（1）：74－76.
[54] 章元沛. 氢溴酸槟榔碱促使小白鼠体内日本血吸虫肝移作用的观察［J］. 浙江大学学报，1982（4）：220.
[55] 赵文爱，李泽民，王伯霞. 槟榔与白胡椒对猪囊尾蚴形态学改变的影响［J］. 现代中西医结合杂志，2003（3）：237－238.
[56] 周丹，刘启兵，刘月丽，等. 海南槟榔提取物中多酚和槟榔碱的含量测定［J］. 海南医学院学报，2016，22（19）：2224－2227.
[57] 周璐丽，王定发，周汉林，等. 槟榔乙醇提取物对猪鸡五种致病菌的抑菌作用初探［J］. 热带农业科学，2014，34（10）：75－77，87.
[58] 邹艳，丘继哲，曾庆仁，等. 黄芪复合剂抗血吸虫作用的实验研究［J］. 热带医学杂志，2010，10（6）：654－656，690.
[59] 邹百仓. 槟榔对正常大鼠和功能性消化不良模型大鼠胃运动及胃肠激素的影响［D］. 南京：南京医科大学，2003.
[60] 祖丕烈，陈继曾，严启之，等. 中药槟榔、榧子、苦楝子及其混合丸剂驱除钩虫的疗效观察［J］. 中国医刊，1958（3）：19－20.

5 番石榴叶提取物的应用

5.1 番石榴叶概述

番石榴叶多皱缩卷曲或呈破裂状，味道清香，微甘涩，全年可采摘。番石榴最初产于南美洲等热带地区，现今在我国境内（主要集中在广东、广西、四川、福建、海南等地区）也多有种植。中医认为，番石榴叶具有收敛止泻、消炎止血之功效，用于治疗久痢、泄泻、创伤出血、皮肤湿疹、瘙痒、热痱、牙痛等。番石榴叶中含多种活性成分，将其入药后，具有降低血糖、收敛止血、止泻、抗氧化、抗菌、抗病毒等功效。因此，番石榴叶在临床医学和医药保健品行业中已有很多应用，但在畜牧养殖业中的应用及相关报道较少。由于番石榴叶含有多种有效活性成分，所以将番石榴叶作为天然饲料添加剂以替代饲用抗生素药物的应用开发具有广阔前景。

番石榴叶中的有效活性成分是其发挥药理作用的基础，主要包括酚类、黄酮类、三萜类、倍半萜类和鞣质类等。

5.1.1 酚类

研究人员利用反相高效液相色谱法分析番石榴叶，将分析结果与标准品的液相色谱信息进行比较，发现番石榴叶中至少含有 7 种酚类物质，如原儿茶酸、没食子酸、咖啡酸、阿魏酸、山柰素、绿原酸、槲皮素等。研究人员使用高效液相色谱－质谱仪对番石榴叶进行分析，证实了番石榴叶中还含有其他酚类物质，如金丝桃甙、番石榴苷和异槲皮酮。

5.1.2 黄酮类

黄酮类化合物是一类具有 C6－C3－C6 基本骨架的酚类物质。番石榴叶中的黄酮类化合物主要包括山柰酚、槲皮素、桑黄素、杨梅素及以其组成的糖苷。Lozoya 等（1994）通过中压柱色谱法和凝胶柱色谱法从番石榴叶醇提取物中发现了槲皮素－3－O－α－L－呋喃阿拉伯糖苷、山柰酚－3－磺酸基、金丝桃苷、异槲皮素、龙胆二糖苷和槲皮苷。Matsuzaki 等（2010）利用超临界流体萃取番石榴叶 70％乙醇提取物后，在此基础上进一步从醇提取物的正丁醇部位中分离得到了槲皮素－3－O（5′－没食子酰基）－α－L－呋喃阿拉伯糖苷。El－Sayed（1997）利用中低压正相硅胶柱色谱（MPLC）、硅胶柱色谱及葡聚糖凝胶（Sephadex）LH－20等从番石榴叶正丁醇部位分离得到槲皮素－3－0－β－D－吡喃葡萄糖醛酸苷、槲皮素－3－鼠李糖、槲皮素－3－磺酸基和山柰酚－3－磺酸基等。Lapcik等（2005）分别从番石榴叶中鉴别出一系列黄酮苷及苷元化合物，包括槲皮素、芹菜素、杨梅素、山柰酚、篇蓄苷、金丝桃苷等，并发现槲皮素、山柰酚、杨梅素具有降血糖的作用。Arima等（2002）通过正乙烷及三氯甲烷去除乙酸乙酯部位的非极性物质，从番石榴叶中分离出桑黄素－3－O－α－L－来苏糖、桑黄素－3－O－α－L－阿拉伯糖及槲皮素，三者均具有抗菌活性。吴慧星等（2010）通过大孔树脂、凝胶和十八烷基硅烷键合硅胶填料反向色谱柱从60%乙醇提取物中分离得到槲皮素－3－O－β－D－半乳糖苷、槲皮素－3－O－（6′－芥子酸）－β－D－吡喃半乳糖苷。

5.1.3　三萜类

目前的研究表明，番石榴叶中的三萜类成分主要是以乌苏酸为母核的五环三萜类化合物，其次为齐墩果烷型化合物，而番石榴叶中的五环三萜类化合物主要是熊果酸型和齐墩果酸型。Yang等（2007）从番石榴叶中分离得到了以石竹烯为母核的三萜类化合物，即番石榴二醛（Guajadial）。付辉政等（2009）对番石榴叶的化学成分进行分离纯化，根据化合物的理化性质及波谱数据进行结构鉴定，发现番石榴叶中分离出的9个单体化合物，分别为乌苏酸、2α－羟基乌苏酸、2α－羟基齐墩果酸、番石榴苷、槲皮素、金丝桃苷、杨梅素－3－O－B－D－葡萄糖、槲皮素－3－O－β－D－葡萄糖醛酸苷和1－O－没食子酰基－β－D－葡萄糖。黄建林等（2006）从番石榴叶乙醇提取物中共检测到78个色谱峰，并采用归一化法测定了各物质的相对含量，并将鉴定出的化合物分为有机酸类、糖类、多酚类、三萜类、挥发油类和其他类六类。研究人员进一步的研究表明，可利用活性炭柱从番石榴叶甲醇提取物中的乙酸乙酯部位分离提纯得到一种新的化合物Guajanoic acid，并且从这个部位还可以分离提纯得到另一个新的五环三萜化合物Psidiumoic acid。

5.1.4　倍半萜类

Wilson等（1978）通过薄层色谱及气相－质谱联用技术鉴定出β－石竹烯、α－芹子烯、杜松烯、β－没药烯、α－金合欢烯、葎草烯、姜黄烯、β－古巴烯等倍半萜类化合物及两个单萜成分（即β－蒎烯和α－柠檬烯）。利用硅胶柱从番石榴叶的乙醇提取物的乙酸乙醇部位分离提纯得到以石竹烯为母核的混萜类化合物Guadjadial。番石榴叶70%乙醇提取物的醋酸乙酯和正丁醇部位可分离得到3个新的倍半萜类化合物Psidials A、Psidials B和Psidials C。另外，番石榴叶的乙醇提取物中还含有两对具有抗肝癌作用的化合物，分别是以二苯甲烷为母核的倍半萜Psiguadials A和Psiguadials B，以及一对差向异构体Psidial A和Guajadial。

5.1.5 鞣质类

Qaadan 等（2005）从番石榴叶的丙酮提取物中得到儿茶素、没食子儿茶酸、原花青素 B1、原花青素 B2、原花青素 B3、galocatechin－（4α→8）－catechin 及 galocatechin－（4α→8）－galocatechin。Takuo（1987）从番石榴叶中发现 3 个复杂结构的鞣质类化合物 Guavins A、Guavins C 和 Guavins D。Maruyama（1985）从番石榴叶中发现了 3 个具有一定降糖活性的鞣质类化合物 Strictinin、Pedunculagin 和 Isostrictinin。

5.2 番石榴叶的作用

番石榴叶中含有多种有效活性成分，具有抑菌、抗氧化、抗病毒、降血糖、降血脂、止泻等作用。

5.2.1 番石榴叶的抑菌作用

有研究表明，番石榴叶中起抑菌作用的主要是以槲皮素为代表的黄酮类化合物。柯昌松等（2013）发现番石榴叶提取物中槲皮素对大肠杆菌、金黄色葡萄球菌、枯草芽孢杆菌、志贺氏菌和沙门氏菌的抑制效果比较明显。Rattanachaikunsopon 等（2010）通过体内抑菌试验得出结论：番石榴叶提取物中的槲皮素、番石榴苷、桑色素－3－O－阿拉伯糖苷、桑色素－3－O－来苏糖、槲皮素－3－O－阿拉伯糖苷等黄酮类化合物对肠道细菌具有一定的抑制菌效果。蔡玲斐等（2005）采用琼脂打孔扩散法和试管稀释法测定番石榴叶提取物对 11 种常见细菌的抑制效果，发现番石榴叶的提取液具有较强的广谱抗菌作用。徐金瑞等（2010）的研究表明，番石榴叶水提取物抑菌活性优于乙醇提取物，且番石榴叶提取物对金黄色葡萄球菌、沙门氏菌和枯草芽孢杆菌均有较好的抑制效果。冯珍鸽等（2010）将番石榴叶提取液进行稀释并测定其抑菌效果，发现将其浓度稀释至 4 倍时，其抑菌效果依然存在，说明番石榴叶提取物不仅具有广谱抗菌作用，抑菌能力也很强。另外，番石榴叶中的挥发油类成分对产气杆菌、乳酸菌、蜡样芽孢杆菌等多种细菌也有抑制作用。

5.2.2 番石榴叶的抗氧化作用

有研究发现，不同生长期的番石榴叶的抗氧化能力存在差异，其中以番石榴叶在嫩叶时的抗氧化活性最强。此外，采用不同的提取方法也会对番石榴叶的抗氧化活性产生一定试验影响，用水、乙醇和丙酮溶液分别对番石榴叶进行萃取而得到与之对应的提取液，结果显示，丙酮提取液的抗氧化效果最好。Nantitanon 等（2012）的研究表明，番石榴叶提取物中的黄酮类化合物具有较好的抗氧化作用，由于黄酮类化合物中槲皮素的抗氧化能力最强，推测番石榴叶提取物的抗氧化能力主要是源于槲皮素。徐金瑞等（2016）的研究发现，番石榴叶中的多酚类成分能有效抑制猪油的氧化，且具有较强的还原能力及清除 DPPH（1，1－二苯基－2－三硝基苯肼）自由基的能力。陈智理等（2014）研究发现，番石榴叶中的多酚类化合物对食用油有一定的抗氧化能力，其中油溶剂型番石榴叶多酚对食用油的抗氧化效果优于水溶剂型番石榴叶多酚，当其多酚添加量为 0.01%～0.02%时，抗氧化效果明显。吴英华等（2014）的研究发现，番石榴叶的抗氧化性与 α－生育酚类似，但是比 α－生育酚具有更好的热稳定性。

5.2.3　番石榴叶的抗病毒作用

轮状病毒是引起婴幼儿腹泻的主要病原体，是世界各国病毒性胃肠炎的主要致病因素之一。轮状病毒可以导致动物机体腹泻，且具有一定的传染性。目前对轮状病毒的报道有很多，已有研究证明，番石榴叶在治疗轮状病毒时能起到一定作用。黄海军等（2008）利用四氮唑（MTT）法测得番石榴叶中的挥发油类和皂苷类等成分可以用来治疗轮状病毒感染。陈国宝等（2002）的研究发现，番石榴叶可以降低轮状病毒的毒力，同时可以增强机体细胞对轮状病毒的抵抗力，其中槲皮素、熊果酸均可促进小肠黏膜的修复和 SIgA 的分泌，增加小肠对 Na^{+} 和糖的吸收，直接抑制病毒复制。

5.2.4　番石榴叶的降血糖作用

糖尿病是一种由内分泌代谢障碍引起的疾病。现代药理研究表明，番石榴叶中的黄酮类、酚酸类、三萜类和倍半萜类等成分均具有良好的降血糖活性。研究发现，番石榴叶提取物具有降糖和降压的双重作用。杜阳吉等（2011）的研究发现，番石榴叶中的黄酮类和多糖类化合物对猪胰液 α－淀粉酶及 α－葡萄糖苷酶均具有较好的抑制活性。蔡丹昭等（2009）证明了番石榴叶中的总黄酮类化合物可以降低链脲佐菌素性高血糖小鼠血糖水平，使其血糖趋于正常水平。赵晶晶（2011）的研究发现，番石榴叶中的三萜类化合物能够升高糖尿病大鼠血清的胰岛素水平，从而降低其血糖，达到抗糖尿病的作用。王波等（2005）的研究发现，攀枝花地区的番石榴叶水提取物及两种浓度的醇提取物的降糖效率均超过 30%，而其中番石榴叶水提取物的降糖效果最好。糖尿病的产生与体内活性氧的代谢紊乱密切相关，番石榴叶提取物能够降低糖尿病小鼠的血糖，番石榴叶可通过提高机体对组织中的糖分消耗从而发挥降糖作用。另外，番石榴叶提取物还具有不易产生耐药性等优点，因此，可被开发为安全有效的降糖药物，具有广阔的应用前景。

5.2.5　番石榴叶的降血脂作用

李璇等（2012）通过构建高脂诱导小鼠肥胖模型，研究发现，番石榴叶 60%乙醇提取物能有效降低肥胖小鼠的体重，并抑制小鼠血脂升高，且作用效果与剂量呈依赖性关系，进一步通过实时定量 PCR 方法，发现番石榴叶提取物通过抑制脂肪代谢过程中的转录调控因子 PPARγ2 和 C/EBPα 的活性，从而发挥降脂作用。

5.2.6 番石榴叶的止泻作用

番石榴叶主要通过抑制细菌生长及病毒繁殖，抑制细胞内钙的释放，降低钙离子浓度，纠正电解质紊乱，抑制钾、钠分泌，促进小肠吸收 Na^+、糖分，抑制小肠运动，延长食物滞留时间和保护小肠黏膜等途径，发挥其止泻作用。番石榴叶中的槲皮素具有清除肠道氧自由基、减轻生物膜损伤、抑制腹腔毛细血管和增加肠黏膜通透性、减少肠道水分和电解质流失的作用，对治疗人急性腹泻有一定的作用。

5.3 番石榴叶提取物在仔猪日粮中的应用

本书作者团队分别开展了不同极性番石榴叶提取物对几种畜禽致病菌的抑制效果、番石榴叶乙醇提取物成分定性分析，以及在仔猪日粮中添加番石榴叶乙醇提取物对灌服产肠毒素性大肠杆菌（ETEC）仔猪的肠道保护作用等实验研究（黄艳等，2017；Wang 等，2021）。

5.3.1 番石榴叶提取物的制备

将采集的番石榴新鲜茎叶晒干粉碎，用体积分数为 95％的乙醇室温浸提 3 次，每次 7 天，用旋转蒸发仪减压回收乙醇至无醇味即得到番石榴叶乙醇提取物（番石榴叶总提取物），再将其均匀分散于蒸馏水中制成悬浊液，依次用石油醚、乙酸乙酯和正丁醇各萃取 3 次，分别减压浓缩后得到 3 种不同极性的番石榴叶提取物，即番石榴叶石油醚提取物、番石榴叶乙酸乙酯提取物和番石榴叶正丁醇提取物，且得率依次为 15.30％、30.92％和 26.32％。取以上 3 种提取物分别用丙酮稀释为浓度 100 mg/mL 的受试药物，各受试药物均用一次性滤菌器过滤除菌，备用于总酚类和总黄酮类含量定量分析，以及体外抗氧化和抗菌效果分析。取番石榴叶乙醇提取物溶于甲醇，备用于超高效液相色谱－质谱联用（UPLC－MS/MS）技术对番石榴叶乙醇提取物成分进行定性分析。将制得的番石榴叶乙醇提取物和二氧化硅（SiO_2）粉以 1∶1 的比例均匀混合，制成粉末状，以备用于动物饲养试验。

5.3.2 番石榴叶提取物的成分分析方法

总酚含量的测定：将 0.2 mL 浓度为 1 mg/mL 的番石榴叶样品提取液和 1 mL 10％福林－西奥卡特（Folin－Ciocalteu）试剂混合，放置 6 min 后，加入 0.8 mL 7.5％ Na_2

CO_3，以纯化水作为空白对照组，在室温条件下孵育 2 h，然后用紫外可见分光光度计在 740 nm 波长处测量吸光度值。

总黄酮含量的测定：取 1 mL 浓度为 1 mg/mL 的番石榴叶样品提取液与 4.1 mL 80%乙醇、0.1 mL 10% $AI(NO_3)_3 \times 9H_2O$ 和 0.1 mol/L CH_3COOK，混合制备反应混合物，在室温条件下放置 40 min，然后用紫外可见分光光度计在 415 nm 波长处测量吸光度值。

选用德国 Thermo Scientific 公司生产的 UltiMate™ 3000 超高效液相色谱仪和电喷雾-四级杆 Orbitrap 高分辨质谱仪组合型 Q Exactive™ Plus 系列液相-质谱联用仪对番石榴叶乙醇提取物的成分进行定性分析。色谱条件、质谱条件及数据处理方法如下：

（1）色谱条件。超高效液相色谱柱：ZORBAX RRHD Eclipse XDB-C18 柱（规格：2.1 mm×100 mm，1.8 μm，安捷伦公司生产。柱温：40 ℃。流动相：A 相为 0.1%甲酸，B 相为纯乙腈溶剂。流速：0.35 mL/min。进样体积：2 μL。梯度洗脱分别为：0~1 min 保持 5% B；1~10 min 从 5% B 线性上升到 50% B；10~16 min 从 50% B 线性上升到 95% B；16~21 min 保持 95% B；21~25 min 从 95% B 线性下降到 5% B。

（2）质谱条件。将质谱扫描模式设置为 Full MS-$ddms^2$ 模式，扫描质荷比范围为 100~1200 m/z，将碰撞能量值 NCE 设置为 10 eV/30 eV/50 eV，一级质谱、二级质谱的分辨率分别为 70000 amu 和 17500 amu。离子源参数如下：正离子模式和负离子模式的喷雾电压分别为 3.8 kV 和-3.0 kV，离子传输管温度为 320 ℃，鞘气流速为 45 arb，辅助气流速为 15 arb，吹扫气流速为 0 arb，加热温度为 320 ℃。

（3）定性分析处理方法。将所采集的数据运用 ThermoFisher 公司的软件（Xcaliber 4.1 软件和 Compound Discoverer 3.1 软件）进行分析，在此基础上参考网上数据库信息（http://www.metlin.scripps.edu 和 https://www.mzcloud.org）和国内外相关文献信息，对所采集的数据进行比对和综合分析。

（4）实验分析结果。番石榴叶正丁醇提取物中总酚类化合物含量最高，达到 215.55 mg·GAE/g，而番石榴叶乙酸乙酯提取物中总黄酮类化合物含量最高，为 42.59 mg·QE/g。3 种不同极性番石榴叶提取物中总黄酮类、总酚类化合物含量见表 5.1。

表 5.1　3 种不同极性番石榴叶提取物中总黄酮类、总酚类化合物含量

项目	石油醚提取物	乙酸乙酯提取物	正丁醇提取物
总酚类（mg·GAE/g）	$78.63^c \pm 0.94$	$142.40^b \pm 5.73$	$215.55^a \pm 5.77$
总黄酮类（mg·QE/g）	$24.89^b \pm 0.65$	$42.59^a \pm 1.11$	$17.88^c \pm 0.77$

注：肩标不同的小写字母表示差异显著，$P<0.05$。

番石榴叶乙醇提取物成分的 UPLC-MS/MS 定性分析结果显示，从番石榴叶乙醇提取物中共初步鉴定出 323 个化合物，其中包括 91 个酚类化合物，而 91 个酚类化合物中又包括43个黄酮类、13个其他酚类、11个简单酚类、10个酚酸和醛类、9种香豆素类和5种肉桂酸类化合物（见表5.2）。

表5.2　番石榴叶乙醇提取物成分的UPLC－MS/MS定性分析（酚类）

编号	保留时间（min）	化合物名称	分子式	离子模式	偏差	匹配分数
黄酮类						
1	2.131	Gallocatechin（倍儿茶酸）	$C_{15}H_{14}O_7$	[M+H]	1.95	98.7
2	2.327	(－)－epigallocatechin [(－)－表没食子儿茶素]	$C_{15}H_{14}O_7$	[M+H]	1.95	98.1
3	3.780	Catechin（儿茶素）	$C_{15}H_{14}O_6$	[M−H]	1.70	96.7
4	3.803	Epicatechin（表儿茶素）	$C_{15}H_{14}O_6$	[M+H]	2.13	98.7
5	4.911	Myricetin 3－O－β－D－galactopyranoside（杨梅素－3－O－半乳糖苷）	$C_{21}H_{20}O_{13}$	[M+H]	1.60	98.6
6	4.934	Quercetin－3β－D－glucoside（异槲皮苷）	$C_{21}H_{20}O_{12}$	[M+H]	1.53	98.9
7	4.994	Quercetin－3－O－vicianoside（槲皮素－3－O－巢菜糖甙）	$C_{26}H_{28}O_{16}$	[M−H]	1.78	91.0
8	5.126	Kaempferol 3－gentiobioside（山柰酚3－龙胆双糖苷）	$C_{27}H_{30}O_{16}$	[M+H]	1.62	99.8
9	5.243	Naringeninchalcone（柚皮素查耳酮）	$C_{15}H_{12}O_5$	[M+H]	1.90	93.7
10	5.289	Rutin（芦丁）	$C_{27}H_{30}O_{16}$	[M−H]	1.58	98.3
11	5.403	Pueraria glycoside（3′－羟基葛根素）	$C_{21}H_{20}O_{10}$	[M+H]	1.43	96.5
12	5.468	Kaempferol 3－O－β－D－arabinopyranosyl－β－D－glucopyranoside（山柰酚3－O－β－D－阿拉伯吡喃基－β－D－葡萄糖苷）	$C_{20}H_{18}O_{15}$	[M+H]	1.81	99.8
13	5.491	Miquelianin [2－(3,4二羟基苯基)－5,7－二羟基－4－氧代－4H－1－苯并吡喃－3－基－β－D－葡糖苷酸]	$C_{21}H_{18}O_{13}$	[M+H]	4.05	99.4
14	5.505	Hyperoside（金丝桃苷）	$C_{21}H_{20}O_{12}$	[M+H]	1.33	99.5
15	5.729	Quercetin－α－L－arabinose（槲皮素－α－L－阿拉伯糖）	$C_{26}H_{28}O_{11}$	[M+H]	1.95	99.6
16	5.774	Kaempferol 3－neohesperidoside（山柰酚3－新橙皮糖苷）	$C_{27}H_{30}O_{15}$	[M+H]	1.80	99.5
17	5.834	Astragalin（紫云英苷）	$C_{21}H_{20}O_{11}$	[M−H]	1.79	95.2
18	5.855	Trifolin（三叶豆苷）	$C_{21}H_{20}O_{11}$	[M+H]	1.80	99.5
19	5.931	Avicularin（扁蓄苷）	$C_{20}H_{18}O_{11}$	[M+H]	1.95	99.5

续表

编号	保留时间(min)	化合物名称	分子式	离子模式	偏差	匹配分数
20	5.937	Morin（桑黄素）	$C_{15}H_{10}O_7$	[M+H]	2.21	97.0
21	6.011	Kaempferol－3－O－glucuronoside（山奈酚－3－O－葡萄糖醛酸苷）	$C_{21}H_{18}O_{12}$	[M+H]	2.46	98.9
22	6.136	Isorhamnetin－3－O－glucoside（异鼠李素－3－O－葡萄糖苷）	$C_{22}H_{22}O_{12}$	[M+H]	1.65	98.2
23	6.220	Puerarin（葛根素）	$C_{21}H_{20}O_9$	[M+H]	1.68	98.9
24	6.402	Myricetin（杨梅素）	$C_{15}H_{10}O_8$	[M+H]	1.88	94.5
25	6.479	Juglanin（胡桃宁）	$C_{20}H_{18}O_{10}$	[M+H]	2.29	99.0
26	6.538	Phloretin（根皮素）	$C_{15}H_{14}O_5$	[M+H]	1.53	99.6
27	6.544	Maesopsin（墨沙酮）	$C_{15}H_{12}O_6$	[M−H]	1.57	90.8
28	6.679	Quercetin 3－methylether 3′－xyloside（槲皮素 3－甲基醚 3′－木糖苷）	$C_{21}H_{20}O_{11}$	[M+H]	1.80	85.3
29	6.944	Chrysin 8－C－glucoside（白杨素 8－C－葡萄糖苷）	$C_{21}H_{20}O_9$	[M+H]	1.68	86.6
30	7.584	Quercetin（槲皮素）	$C_{15}H_{10}O_7$	[M+H]	1.42	98.6
31	8.162	Pinoquercetin（西黄松黄酮）	$C_{16}H_{12}O_7$	[M+H]	1.23	98.5
32	8.422	Naringenin［（S)－柚皮素］	$C_{15}H_{12}O_5$	[M+H]	2.34	95.9
33	8.433	Genistein（金雀异黄酮）	$C_{15}H_{10}O_5$	[M−H]	1.19	88.4
34	8.629	Kaempferol（山柰酚）	$C_{15}H_{10}O_6$	[M+H]	0.94	99.5
35	8.687	Diosmetin（香叶木素）	$C_{16}H_{12}O_6$	[M+H]	1.49	97.9
36	8.849	Isorhamnetin（异鼠李素）	$C_{16}H_{12}O_7$	[M+H]	1.14	99.5
37	8.998	Apigenin（芹菜素）	$C_{15}H_{10}O_5$	[M−H]	1.19	92.2
38	9.084	Poriol（去甲杜鹃素）	$C_{16}H_{14}O_5$	[M−H]	1.40	88.9
39	9.295	Kaempferide（山奈素）	$C_{16}H_{12}O_6$	[M+H]	1.49	95.2
40	10.680	Chrysin（白杨素）	$C_{15}H_{10}O_4$	[M+H]	1.61	92.4
41	11.738	Formononetin（刺芒柄花素）	$C_{16}H_{12}O_4$	[M+H]	1.67	94.5
42	11.904	Pinostrobin（球松素）	$C_{16}H_{14}O_4$	[M+H]	1.77	96.8
43	14.843	Galangin（高良姜素）	$C_{15}H_{10}O_5$	[M+H]	1.84	95.3
香豆素类						
44	4.618	Magnolioside（香草酸）	$C_{16}H_{18}O_9$	[M+H]	1.66	98.3
45	4.863	Esculetin（秦皮乙素）	$C_9H_6O_4$	[M+H]	1.01	93.4

续表

编号	保留时间（min）	化合物名称	分子式	离子模式	偏差	匹配分数
46	5.431	4－hydroxycoumarin（4－羟基香豆素）	$C_9H_6O_3$	[M－H]	1.99	97.7
47	5.458	7－hydroxycoumarine（7－羟基香豆素）	$C_9H_6O_3$	[M+H]	1.66	92.9
48	5.564	Scopoletin（东莨菪内酯）	$C_8H_{10}O_4$	[M+H]	－0.78	86.3
49	6.854	4－hydroxycoumarin（4－羟基香豆素）	$C_9H_6O_3$	[M+H]	1.66	87.9
50	7.011	5,7－dihydroxy－4－methylcoumarin（5,7－二羟基－4－甲基香豆素）	$C_{10}H_8O_4$	[M－H]	1.36	98.7
51	11.948	Ostruthin（王草素）	$C_{19}H_{22}O_3$	[M－H]	－8.99	87.6
52	12.509	8－hydroxy－7－methoxy－3－（2－methylbut－3－en－2－yl）－2H－chromen－2－one	$C_{15}H_{16}O_4$	[M+Na]	－7.49	96.6
肉桂酸类						
53	3.915	Ferulic acid 1－O－glucoside（阿魏酸 1－O－葡萄糖苷）	$C_{15}H_{18}O_8$	[M+NH$_4$]	1.54	98.3
54	4.180	Caffeic acid（咖啡酸）	$C_9H_8O_4$	[M－H]	1.79	92.1
55	6.635	3－(2－glucosyloxy－4－methoxyphenyl) propanoic acid（2－O－β－D－葡糖基氧基－4－甲氧基苯丙酸）	$C_{16}H_{22}O_9$	[M－H]	1.65	85.6
56	6.686	DL－4－hydroxyphenyllactic acid [3－(4－羟基苯基）乳酸]	$C_9H_{10}O_4$	[M－H]	1.38	88.2
57	8.211	Ferulic acid（阿魏酸）	$C_{10}H_{10}O_4$	[M－H]	1.71	85.8
酚酸和醛类						
58	1.245	Gallic acid（没食子酸）	$C_7H_6O_5$	[M－H]	2.31	99.5
59	2.079	Gentisic acid 5－β－glucoside（龙胆酸 5－β－葡萄糖苷）	$C_{13}H_{16}O_9$	[M－H]	1.59	90.6
60	2.187	6－methoxysalicylic acid（2－羟基－6－甲氧基苯甲酸）	$C_8H_8O_4$	[M－H]	2.27	97.8
61	2.851	4－methoxysalicylic acid（4－甲氧基水杨酸）	$C_8H_8O_4$	[M－H]	2.33	98.8
62	4.103	Resorcinol monoacetate（1,3－苯二醇单乙酸酯）	$C_8H_8O_3$	[M－H]	2.18	99.1
63	4.176	Gentisic acid（2,5－二羟基苯甲酸）	$C_7H_6O_4$	[M－H]	1.83	97.9
64	5.617	Syringic acid（丁香酸）	$C_9H_{10}O_5$	[M－H]	1.98	90.3
65	6.544	4－hydroxybenzoic acid（对羟基苯甲酸）	$C_7H_6O_3$	[M－H]	2.19	98.0

续表

编号	保留时间（min）	化合物名称	分子式	离子模式	偏差	匹配分数
66	11.603	4－hydroxy－3－［（5E）－7－hydroxy－3，7－dimethyl－4－oxo－5－octen－1－yl］－5－［（2E）－4－hydroxy－3－methyl－2－buten－1－yl］benzoic acid	$C_{22}H_{30}O_6$	［M－H］	1.13	85.9
67	13.560	Erionic acid E（离子酸 E）	$C_{22}H_{30}O_5$	［M－H］	1.61	86.3
简单酚醛类						
68	1.495	Maltol（甲基麦芽酚）	$C_6H_6O_3$	［M＋H］	1.34	99.0
69	2.558	Catechol（邻苯二酚）	$C_6H_6O_2$	［M－H］	3.03	99.0
70	2.577	2－［（4－hydroxy－3，5－dimethoxyphenyl）methoxy］－6－（hydroxymethyl）oxane－3，4，5－triol	$C_{15}H_{22}O_9$	［M＋NH_4］	2.20	98.8
71	3.289	Salidroside（红景天苷）	$C_{14}H_{20}O_7$	［M＋NH_4］	1.70	92.0
72	3.611	Osmanthuside H（桂皮苷 H）	$C_{19}H_{28}O_{11}$	［M＋H］	2.24	98.1
73	4.039	Koaburside（科阿布西德）	$C_{15}H_{22}O_9$	［M＋H］	1.76	98.4
74	5.563	4－hydroxy－3，5，6－trimethyl－2H－pyran－2－one	$C_8H_{10}O_3$	［M＋H］	1.29	92.6
75	7.278	2，3，6－trimethylphenol（2，3，6－三甲基苯酚）	$C_9H_{12}O$	［M－H］	1.55	92.0
76	10.220	2，5－二特丁基对苯二酚	$C_{14}H_{22}O_2$	［M－H］	1.58	85.6
77	11.065	3－tert－butylphenol（3－叔丁基苯酚）	$C_{10}H_{14}O$	［M－H］	2.55	97.2
78	14.127	3，5－di－tert－butyl－4－hydroxybenzyl alcohol（3，5－二叔丁基－4－羟基苄醇）	$C_{15}H_{24}O_2$	［M－H］	2.21	97.0
其他酚醛类						
79	1.244	1，6－bis－O－（3，4，5－trihydroxybenzoyl）hexopyranose	$C_{20}H_{20}O_{14}$	［M＋H－H_2O］	1.93	98.5
80	3.021	Corilagin（柯里拉京）	$C_{27}H_{22}O_{18}$	［M＋NH_4］	1.86	97.5
81	4.493	4－hydroxybenzaldehyde（对羟基苯甲醛）	$C_7H_6O_2$	［M＋H］	1.63	91.4
82	4.752	1－O－（3－hydroxy－5－methylphenyl）－β－D－glucopyranose 6－（3，4，5－trihydroxybenzoate）	$C_{20}H_{22}O_{11}$	［M－H］	1.69	92.4
83	6.233	Acanthoside B（无梗五加苷 B）	$C_{28}H_{36}O_{13}$	［M＋NH_4］	1.87	95.1

续表

编号	保留时间(min)	化合物名称	分子式	离子模式	偏差	匹配分数
84	6.581	(3,4,5−trihydroxy−6−{[4−(2,6,6−trimethyl−4−oxocyclohex−2−en−1−yl) butan−2−yl] oxy} oxan−2−yl) methyl 3,4,5−trihydroxyben zoate	$C_{26}H_{36}O_{11}$	[M+H]	1.52	95.1
85	6.827	3−hydroxymandelic acid (3−羟基扁桃酸)	$C_8H_8O_4$	[M−H]	2.33	92.2
86	7.307	Citrinin (桔霉素)	$C_{13}H_{14}O_5$	[M−H]	1.73	90.0
87	7.997	Clemaphenol A (克雷马酚 A)	$C_{20}H_{22}O_6$	[M+H−H_2O]	1.29	90.0
88	8.082	Ethylparaben (苯乙酸乙酯)	$C_9H_{10}O_3$	[M−H]	2.12	94.6
89	10.396	Piceatannol (白皮杉醇)	$C_{14}H_{12}O_4$	[M−H]	2.06	94.1
90	10.621	1−(2,4−dihydroxyphenyl)−2−(3,5−dimethoxyphenyl) propan−1−one	$C_{17}H_{18}O_5$	[M+Na]	−5.57	97.1
91	20.418	Emodin (大黄素)	$C_{15}H_{10}O_5$	[M+H]	6.23	97.4

5.3.3 番石榴叶提取物的体外抗氧化作用和抗菌作用

采用试管倍比稀释法和打孔抑菌圈法分别测定与比较 3 种不同极性番石榴叶提取物对猪大肠杆菌和猪金黄色葡萄球菌的抑制效果，选用总抗氧化能力检测试剂盒测定与比较 3 种不同极性番石榴叶提取物的抗氧化效果。除此之外，打孔抑菌圈法还测定了番石榴叶乙醇提取物（EEH）对猪大肠杆菌和猪金黄色葡萄球菌的抑制效果。

结果表明，3 种不同极性番石榴叶提取物对猪大肠杆菌的抑制效果差异不明显，番石榴叶石油醚提取物（EEP）对猪金黄色葡萄球菌的抑制效果优于番石榴叶乙酸乙酯提取物（EAE）和番石榴叶正丁醇提取物（*n*−BUOH）。3 种不同极性番石榴叶提取物对猪致病菌的抑杀效果见表 5.3。

表 5.3　3 种不同极性番石榴叶提取物对猪致病菌的抑杀效果

样品		提取物浓度 (mg/mL)										阳性对照组	阴性对照组
		25.000	12.500	6.250	3.125	1.560	0.780	0.390	0.195	0.098	0.049		
猪大肠杆菌	石油醚提取物	−	−	+	++							+++	−
	乙酸乙酯提取物	−	−	+	++							+++	−
	正丁醇提取物	−	−	+	++							+++	−

续表

样品		提取物浓度（mg/mL）										阳性对照组	阴性对照组
		25.000	12.500	6.250	3.125	1.560	0.780	0.390	0.195	0.098	0.049		
猪金黄色葡萄球菌	石油醚提取物	—	—	—	—	—	—	—	—	+	++	+++	—
	乙酸乙酯提取物	—	—	—	—	—	+	++	+++	+++	+++	+++	—
	正丁醇提取物	—	—	—	+	++	+++	+++	+++	+++	+++	+++	—

注："—"表示不长菌；"+"表示有少量菌生长；"++"表示有较多菌生长；"+++"表示有很多菌生长。

随着提取物浓度的降低，抑菌圈直径也随之变小。EEP 的各个浓度中，猪金黄色葡萄球菌的抑菌直径圈均大于猪大肠杆菌的抑菌圈直径。EEH、EAE 和 n−BUOH 在浓度为 100 mg/mL 时，猪大肠杆菌的抑菌圈直径均大于猪金黄色葡萄球菌的抑菌圈直径，随着提取物浓度的降低，在提取物浓度为 12.500 mg/mL、6.250 mg/mL 和 3.125 mg/mL 时，猪大肠杆菌的抑菌圈直径均小于猪金黄色葡萄球菌的抑菌圈直径。EEP 的猪金黄色葡萄球菌的抑菌圈直径均大于其同浓度猪大肠杆菌的抑菌圈直径，当 EEP 浓度为 6.250 mg/mL和 3.125 mg/mL 时，猪金黄色葡萄球菌的抑菌圈直径分别为 10.20mm 和 8.02mm，大于同浓度其他各组的抑菌圈直径，因此，EEP 对猪金黄色葡萄球菌的抑杀效果最好。3 种不同极性番石榴叶提取物对猪致病菌的抑杀效果见表 5.4。

表 5.4　3 种不同极性番石榴叶提取物对猪致病菌的抑杀效果

提取物浓度（mg/mL）	对猪大肠杆菌的抑菌圈直径（mm）			
	乙醇提取物	石油醚提取物	乙酸乙酯提取物	正丁醇提取物
100.000	20.60	14.88	21.17	19.89
50.000	15.22	13.06	17.65	17.67
25.000	13.20	11.68	14.51	13.92
12.500	10.27	9.26	10.97	11.05
6.250	8.66	7.16	8.07	9.23
3.125	6.87	6.05	6.57	7.58
提取物浓度（mg/mL）	对猪金黄色葡萄球菌的抑菌圈直径（mm）			
	乙醇提取物	石油醚提取物	乙酸乙酯提取物	正丁醇提取物
100.000	16.41	18.58	19.78	19.36
50.000	15.66	16.51	17.40	17.60
25.000	13.07	15.42	14.82	15.02
12.500	11.33	12.13	11.96	12.19
6.250	8.81	10.20	9.67	9.84

续表

提取物浓度（mg/mL）	对猪金黄色葡萄球菌的抑菌圈直径（mm）			
	乙醇提取物	石油醚提取物	乙酸乙酯提取物	正丁醇提取物
3.125	7.32	8.02	7.49	7.73

注：阳性对照组抑菌圈初始直径为 6 mm。

3 种不同极性的番石榴叶提取物对 DPPH 自由基均表现出一定的清除能力。各样品对 DPPH 自由基的清除能力，由高到低依次为 EAE>n-BUOH>Vc>BHA（丁基羟基茴香醚）>BHT>EEP，其中 EAE 和 n-BUOH 对 DPPH 自由基的清除能力均显著强于 BHA、BHT 和 Vc（$P<0.05$），而 EEP 对 DPPH 自由基的清除能力最弱。采用 ABTS 法（总抗氧化能力检测试剂盒）测定各样品的总抗氧化活性，由大到小依次为 n-BUOH>EAE>BHA>BHT>Vc>EEP，其中 n-BUOH 的抗氧化能力显著高于其他（$P<0.05$），而 n-BUOH 和 EAE 的抗氧化活性均高于 BHA、BHT 和 Vc，表明其具有较好的抗氧化活性，且 EEP 的抗氧化能力最弱。采用 FRAP 法（总抗氧化能力检测试剂盒）测定各样品的总抗氧化能力，由大到小依次为 BHT>BHA>n-BUOH>EAE>Vc>EEP，其中 n-BUOH 和 EAE 的 FRAP 值均显著高于 Vc（$P<0.05$），但低于 BHA 和 BHT，且 EEP 的 FRAP 值最低。3 种不同极性番石榴叶提取物的总抗氧化能力见表 5.5。

表 5.5　3 种不同极性番石榴叶提取物的总抗氧化能力

样品	DPPH[1]	ABTS[2]	FRAP[3]
石油醚提取物（EEP）	209.41 ± 6.18^{a}	0.05 ± 0.02^{f}	102.87 ± 21.80^{f}
乙酸乙酯提取物（EAE）	7.11 ± 0.18^{d}	0.54 ± 0.03^{b}	633.84 ± 23.33^{d}
正丁醇提取物（n-BUOH）	9.15 ± 0.19^{cd}	0.86 ± 0.02^{a}	1118.96 ± 29.68^{c}
丁基羟基茴香醚（BHA）	14.40 ± 0.44^{c}	0.46 ± 0.03^{c}	2103.92 ± 25.82^{b}
二丁羟基甲苯（BHT）	22.49 ± 0.56^{b}	0.25 ± 0.03^{d}	2157.91 ± 24.06^{a}
Vc	10.21 ± 0.41^{cd}	0.15 ± 0.02^{e}	431.64 ± 26.63^{e}

注：[1] 为 IC50，μg/mL。[2] 为 mM trolox /g extract。[3] 为 μM（$FeSO_4\times7H_2O$）/g extract。

5.3.4　番石榴叶乙醇提取物对断奶仔猪肠道的保护作用

选取体重和日龄相近（体重 7.35±0.18 kg、21 日龄左右）的“杜×长×大”三元杂交仔猪，随机分为 6 组，每组 5 个重复。实验处理组分为 BC 组、NC 组、PC 组、T50 组、T100 组和 T200 组，各实验组基础日粮一致。BC 组（空白对照组）饲喂基础日粮，NC 组（阴性对照组）饲喂基础日粮，PC 组饲喂基础日粮+50 mg/kg 喹烯酮，即为阳性对照组，T50 组饲喂基础日粮+50 mg/kg 番石榴叶乙醇提取物，T100 组饲喂基础日粮+100 mg/kg 番石榴叶乙醇提取物，T200 组饲喂基础日粮+200 mg/kg 番石榴叶乙醇提取物，T50 组、T100 组和 T200 组为实验组。在试验第 4 天，除 BC 组外，其余各组仔猪均经口灌服猪大肠杆菌菌液（含 10^9CFU 大肠杆菌），试验期为 28 天。

1. 番石榴叶乙醇提取物对仔猪生长性能和腹泻率的影响

番石榴叶乙醇提取物对仔猪生长性能的影响见表 5.6，与空白对照组相比，灌服大肠杆菌菌液的其他各组显著增加了仔猪的腹泻率。与 NC 组相比，在日粮中添加喹烯酮或番石榴叶乙醇提取物可以显著降低仔猪的腹泻率（$P<0.05$）。各组仔猪平均日采食量（ADFI）、平均日增重（ADG）和料肉比无显著差异（$P>0.05$）。灌服大肠杆菌菌液后的第 4~8 天是仔猪发生腹泻的高发期，灌服 10 天后仔猪的腹泻率逐渐降低。

表 5.6 番石榴叶乙醇提取物对仔猪生长性能的影响

项目	组别						SEM	*P*	对比[a]	
	BC 组	NC 组	PC 组	T50 组	T100 组	T200 组			线性	二次
初始重（kg）	7.31	7.34	7.41	7.17	7.31	7.49	0.59	0.958	0.946	0.852
结束重（kg）	14.12	13.88	14.51	15.20	13.87	13.95	0.93	0.770	0.711	0.606
平均日采食量（g）	457.00	457.00	448.00	456.00	457.00	445.00	2.00	0.483	0.161	0.458
平均日增重（g）	244.00	236.00	257.00	301.00	238.00	231.00	8.00	0.094	0.242	0.175
料肉比	1.87	1.94	1.78	1.55	1.92	1.93	0.05	0.111	0.404	0.242
腹泻率（%）	1.79	21.43	16.07	14.29	8.93	7.14	—	—	—	—

注：[a] 为 T50 组、T100 组、T200 组和 NC 组比较。

2. 番石榴叶乙醇提取物对仔猪血清抗氧化性能和细胞因子浓度的影响

番石榴叶乙醇提取物对仔猪血清抗氧化性能和细胞因子浓度的影响见表 5.7，灌服大肠杆菌菌液显著降低了仔猪血清中 GSH-Px 和 T-AOC 的活性，并增加了 MDA 浓度（$P<0.05$）。与阴性对照组相比，日粮中添加喹烯酮增加了仔猪血清中 SOD 的活性（$P<0.05$），并降低了 MDA 浓度（$P<0.05$）。与阴性对照组相比，日粮中添加番石榴叶提取物线性增加了仔猪血清中 SOD（$P=0.009$）和 T-AOC（$P=0.003$）的活性，并降低了 MDA（$P=0.008$）浓度。

表 5.7 番石榴叶乙醇提取物对仔猪血清抗氧化性能和细胞因子浓度的影响

项目	组别						SEM	*P*	对比[a]	
	BC 组	NC 组	PC 组	T50 组	T100 组	T200 组			线性	二次
SOD（$U \cdot mL^{-1}$）	66.8^{ab}	60.3^{b}	72.7^{a}	69.7^{ab}	74.2^{a}	70.5^{ab}	1.4	0.012	0.009	0.020
GSH-Px（$U \cdot mL^{-1}$）	566^{ab}	330^{c}	429^{bc}	677^{a}	552^{ab}	467^{bc}	29	<0.001	0.076	<0.001

续表

项目	组别						SEM	P	对比[a]	
	BC 组	NC 组	PC 组	T50 组	T100 组	T200 组			线性	二次
T－AOC (U·mL^{-1})	1.60^{b}	0.27^{c}	0.99^{bc}	2.04^{ab}	1.42^{b}	2.78^{a}	0.22	<0.001	0.003	0.422
MDA (nmol·mL^{-1})	2.30^{b}	3.22^{a}	2.30^{b}	2.53^{ab}	2.55^{ab}	2.54^{ab}	0.09	0.013	0.008	0.027
IL－1β (ng·L^{-1})	18.7^{b}	30.8^{a}	8.1^{c}	15.5^{b}	16.5^{b}	10.3^{c}	1.8	<0.001	<0.001	<0.001
IL－6 (ng·L^{-1})	3.43^{b}	3.96^{a}	2.11^{c}	3.27^{b}	3.51^{b}	3.41^{b}	0.14	<0.001	0.002	0.002
TNF－α (ng·L^{-1})	41.7^{b}	46.9^{a}	31.7^{e}	38.7^{c}	35.0^{d}	36.5^{cd}	1.2	<0.001	<0.001	<0.001

注：[a]为 T50 组、T100 组、T200 组和 NC 组比较。肩标不同的小写字母表示差异显著，$P<0.05$。

番石榴叶乙醇提取物对仔猪肠黏膜中 TNF－α、IL－1β 和 IL－6 mRNA 表达的影响如图 5.1 所示，灌服大肠杆菌菌液显著提高了仔猪血清中的 TNF－α、IL－1β 和 IL－6 浓度（$P<0.05$），与阴性对照组相比，日粮中添加番石榴叶提取物线性降低了仔猪血清中的 TNF－α（$P<0.001$）、IL－1β（$P<0.001$）和 IL－6（$P=0.002$）水平。PCR 结果也表明，灌服大肠杆菌菌液显著提高了仔猪肠黏膜中 TNF－α、IL－1β 和 IL－6 的 mRNA 表达（$P<0.05$），与阴性对照组相比，日粮中添加番石榴叶提取物显著降低了仔猪肠黏膜中 TNF－α、IL－1β 和 IL－6 mRNA 的表达水平。

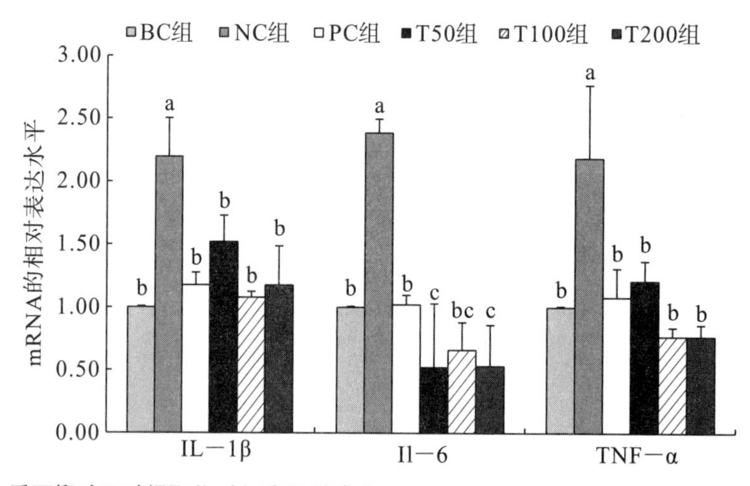

图 5.1　番石榴叶乙醇提取物对仔猪肠黏膜中 TNF－α、IL－1β 和 IL－6 mRNA 表达的影响

3. 番石榴叶乙醇提取物对仔猪肠黏膜屏障的影响

仔猪血清中 D－LA、ET－1 和 DAO 的浓度变化可以作为反映肠道通透性的指标。DAO 是存在于肠黏膜绒毛中的细胞内酶，D－LA 和 ET－1 是肠道内细菌发酵代谢产物，在正常情况下，三者都主要存在于肠道内。当肠黏膜受损导致其通透性增加时，肠道内的D－LA、ET－1和DAO会通过受损黏膜渗透进入血液。番石榴叶乙醇提取物对仔猪血清中DAO、D－LA和ET－1浓度的影响见表5.8，和BC组相比，灌服大肠杆菌菌液的其他各组显著提高了仔猪血清中D－LA、ET－1和DAO的浓度（$P<0.05$）。与NC组相比，日粮中添加番石榴叶乙醇提取物呈线性降低了血清中的D－LA（$P<0.001$）、ET－1（$P=0.009$）和DAO浓度（$P<0.001$）水平。

表5.8　番石榴叶乙醇提取物对仔猪血清中DAO、D－LA和ET－1浓度的影响

<table>
<tr><th rowspan="2">项目</th><th colspan="6">组别</th><th rowspan="2">SEM</th><th rowspan="2">P</th><th colspan="2">对比[@]</th></tr>
<tr><th>BC组</th><th>NC组</th><th>PC组</th><th>T50组</th><th>T100组</th><th>T200组</th><th>线性</th><th>二次</th></tr>
<tr><td>DAO（pg·mL^{-1}）</td><td>110^{b}</td><td>178^{a}</td><td>55^{d}</td><td>89^{bc}</td><td>68^{cd}</td><td>81^{c}</td><td>10</td><td><0.001</td><td><0.001</td><td><0.001</td></tr>
<tr><td>ET－1（ng·L^{-1}）</td><td>217^{ab}</td><td>222^{a}</td><td>214^{b}</td><td>214^{b}</td><td>214^{b}</td><td>213^{b}</td><td>1</td><td>0.007</td><td>0.009</td><td>0.042</td></tr>
<tr><td>D－LA（μg·L^{-1}）</td><td>33.4^{b}</td><td>88.6^{a}</td><td>29.4^{b}</td><td>26.0^{b}</td><td>25.0^{b}</td><td>26.0^{b}</td><td>5.6</td><td><0.001</td><td><0.001</td><td><0.001</td></tr>
</table>

注：[@]为T50组、T100组、T200组和NC组比较。肩标不同的小写字母表示差异显著，$P<0.05$。

紧密连接蛋白是肠道通透性的结构基础，Occludin、ZO－1和Claudin－1常被作为肠道组织紧密连接屏障和通透性功能的指标。仔猪断奶前后，紧密连接蛋白mRNA高表达对仔猪抗腹泻具有重要意义。钠氢离子交换蛋白3（NHE3）广泛存在于哺乳动物肠道黏膜上皮细胞，对营养物质的吸收，特别是电解质平衡起着重要的调控作用。当肠道黏膜损伤发生炎症时，小肠液体过度分泌、离子通道的通透性增加，NHE3表达水平下降，易导致肠上皮细胞内水、电解质失衡而产生水样腹泻。在应激情况下，细菌和内毒素通过调节或影响一些细胞因子及蛋白激酶等来调控ZO－1和Occludin的表达，从而降低肠道上皮细胞的屏障功能。Western－Blot和PCR分析也表明，灌服大肠杆菌菌液显著降低了仔猪肠黏膜中紧密连接蛋白ZO－1、Claudin－1、Occludin，以及NHE3的蛋白和mRNA表达（$P<0.05$）。与NC组相比，日粮中添加番石榴叶乙醇提取物可提高仔猪肠黏膜中紧密连接蛋白ZO－1、Claudin－1、Occludin，以及NHE3的蛋白和mRNA表达（$P<0.05$）。说明日粮中添加番石榴叶乙醇提取物可以缓解灌服大肠杆菌导致的仔猪肠道黏膜损伤。番石榴叶乙醇提取物对仔猪肠黏膜中ZO－1、Claudin－1、Occludin、NHE3的蛋白及mRNA表达的影响如图5.2所示。

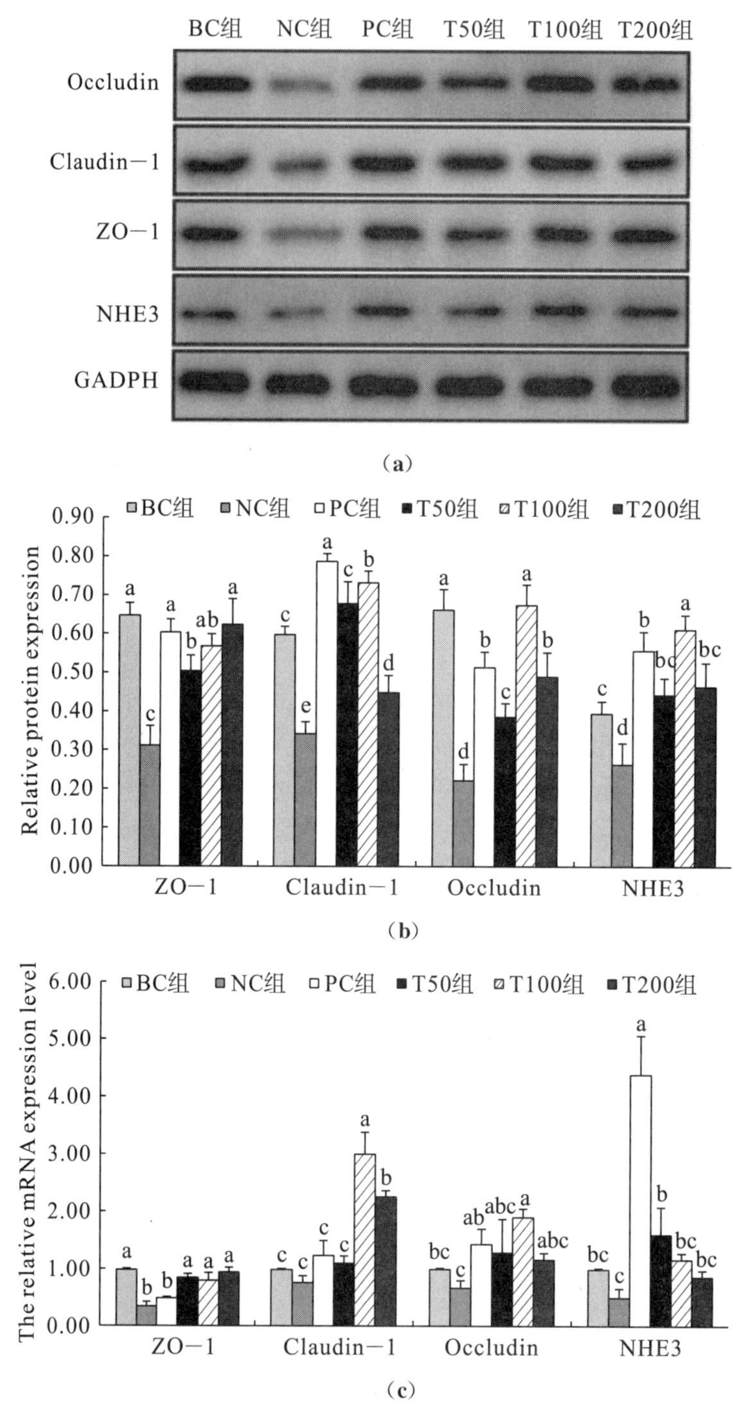

图 5.2　番石榴叶乙醇提取物对仔猪肠黏膜中 ZO—1、Claudin—1、Occludin、NHE3 的蛋白及 mRNA 表达的影响

通过 H·E 染色，再对仔猪回肠黏膜形态进行观测，结果表明，日粮中添加番石榴叶乙醇提取物可以缓解灌服大肠杆菌菌液导致的仔猪肠道黏膜绒毛损伤，可增加绒毛长度并降低隐窝深度。番石榴叶乙醇提取物对仔猪回肠黏膜结构的影响如图 5.3 所示。番石榴叶乙醇提取物对仔猪回肠绒毛高度和隐窝深度的影响见表 5.9。

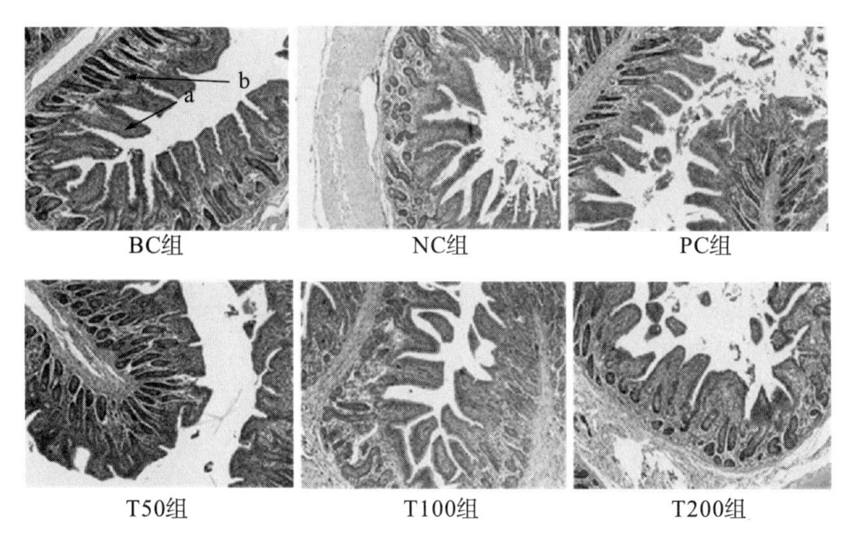

图 5.3　番石榴叶乙醇提取物对仔猪回肠黏膜结构的影响

表 5.9　番石榴叶乙醇提取物对仔猪回肠绒毛高度和隐窝深度的影响

项目	组别						SEM	P	对比ⓐ	
	BC 组	NC 组	PC 组	T50 组	T100 组	T200 组			线性	二次
绒毛高度（μm）	293^{a}	131^{c}	263^{ab}	210^{b}	214^{b}	237^{b}	11.00	<0.001	<0.001	0.012
隐窝深度（μm）	227^{b}	303^{a}	211^{b}	204^{b}	180^{b}	193^{b}	9.00	<0.001	<0.001	<0.001
绒毛高度/隐窝深度	1.31^{a}	0.43^{b}	1.28^{a}	1.03^{a}	1.20^{a}	1.23^{a}	0.06	<0.001	<0.001	<0.001

注：ⓐ为 T50 组、T100 组、T200 组和 NC 组比较。肩标不同的小写字母表示差异显著，$P<0.05$。

4. 番石榴叶乙醇提取物对仔猪血清和粪便代谢组学的影响

使用超高效液相色谱−四极杆−飞行时间质谱仪对仔猪血清和粪便进行非靶向代谢组学分析，研究日粮中添加番石榴叶乙醇提取物对仔猪血液和粪便中代谢标志物的变化，并通过对标志物代谢通路的分析，探究番石榴叶乙醇提取物的作用靶点和影响的代谢途径。

（1）对仔猪粪便代谢组学的影响。

通过粪便样本成分 NC 组 vs. BC 组，T50 组 vs. NC 组，T100 组 vs. NC 组和 T200 组 vs. NC 组（图 5.4）的 PCA 分析表明，PCA 在 PC1 和 PC2 方向均有部分重叠。PLS−DA 分析（图 5.5）表明，两组之间的粪便代谢物特征存在显著差异，说明灌服大肠杆菌菌液造成仔猪代谢紊乱，番石榴叶提取物具有恢复代谢的作用。

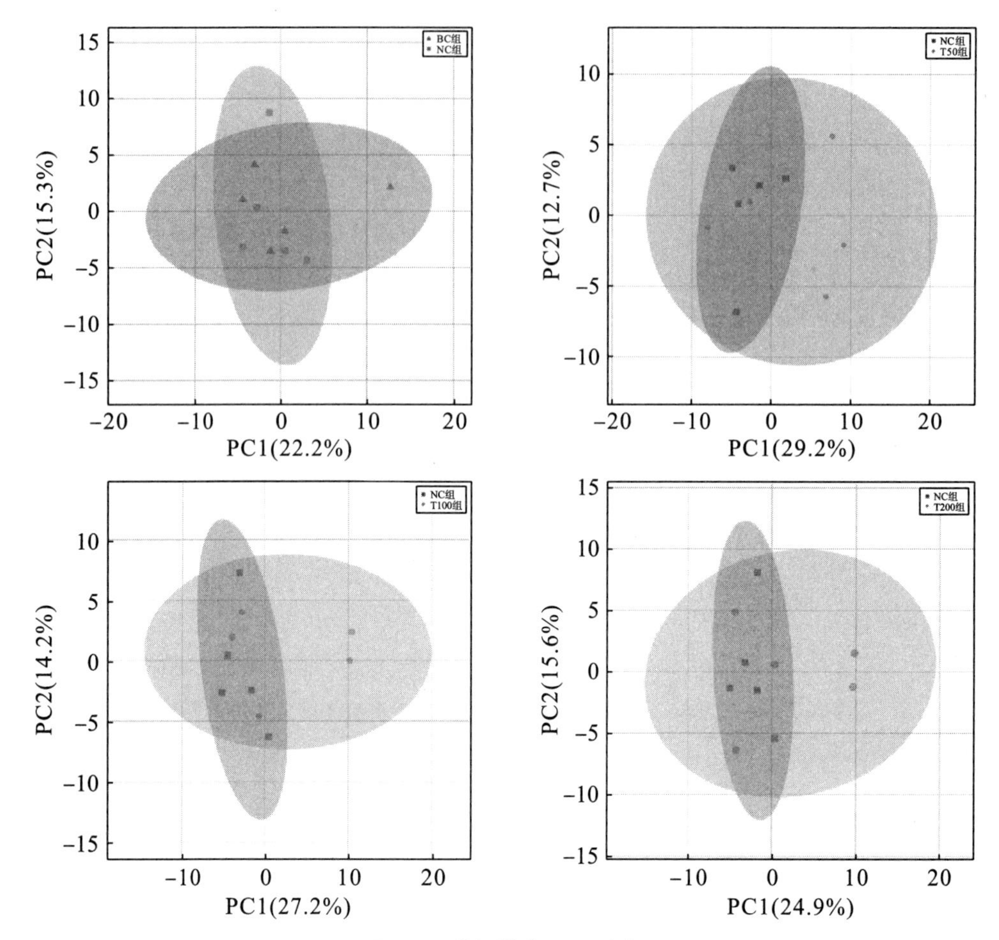

图 5.4　粪便样本 PCA 分析

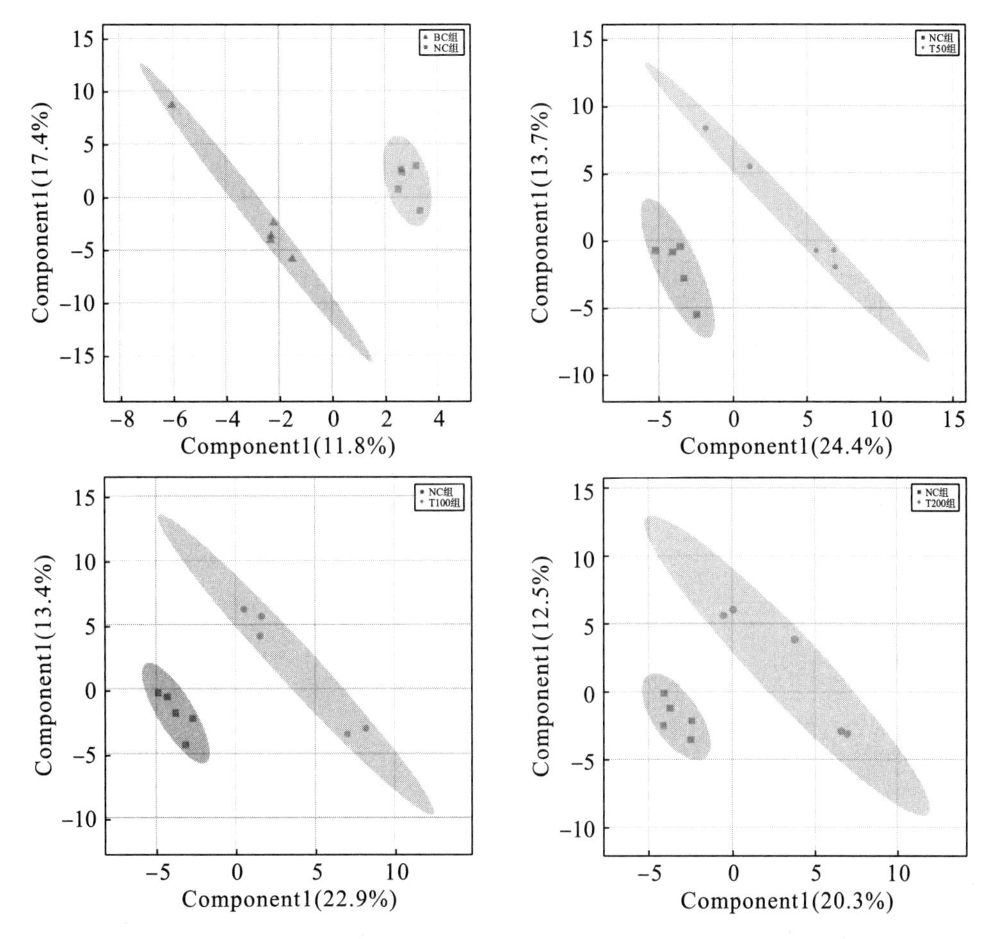

图 5.5 粪便样本 PLS−DA 分析

FC 值是指代谢物在两组样本中的相对丰度比值，*FC* 值小于 1 表示下调或降低，*FC* 值大于 1 表示上调或升高。*P* 值采用 Student'*t*−test 统计方法，*P* 值小于 0.05 表示具有统计学显著差异。当两组之间的代谢物 *P* 值<0.05 且 *FC* 值>1.1 或 *FC* 值<0.9 时，被认为是差异代谢物（下同）。通过对 NC 组 vs. BC 组、T50 组 vs. NC 组，T100 组 vs. NC 组和 T200 组 vs. NC 组进行比较后发现，粪便中代谢物存在显著差异，各组仔猪粪便差异代谢物见表 5.10。

表 5.10 各组仔猪粪便差异代谢物

组别	序号	差异代谢物	*P* 值	*FC* 值
NC 组 vs. BC 组	1	L−pipecolic acid（L−2−哌啶酸）	2.51×10^{-2}	0.34

续表

组别	序号	差异代谢物	P 值	FC 值
T50 组 vs. NC 组	1	tartaric acid（酒石酸）	3.02×10^{-3}	3.03
	2	N−acetylserotonin（N−乙酰基−5−羟色胺）	3.47×10^{-3}	0.61
	3	Melatonin（褪黑素）	1.14×10^{-2}	0.56
	4	4−hydroxyproline（L−羟基脯氨酸）	1.17×10^{-2}	0.49
	5	5−aminolevulinic acid（5−氨基乙酰丙酸）	1.17×10^{-2}	0.49
	6	4−guanidinobutyric acid（4−胍基丁酸）	2.29×10^{-2}	0.61
	7	Caffeine（咖啡因）	2.32×10^{-2}	0.52
	8	Normetanephrine（去甲变肾上腺素）	3.10×10^{-2}	0.55
	9	Epinephrine（肾上腺素）	3.10×10^{-2}	0.55
	10	dCMP（2′−脱氧胞苷−5′−单磷酸）	3.94×10^{-2}	0.35
	11	1,3−diaminopropane（1,3−丙二胺）	4.07×10^{-2}	2.54
	12	3−methoxytyramine（2−甲氧基−4−（2−氨基乙基）苯酚）	4.37×10^{-2}	2.58
	13	1H−indole−3−acetamide（3−吲哚乙酰胺）	4.54×10^{-2}	0.47
T100 组 vs. NC 组	1	tartaric acid（酒石酸）	3.65×10^{-3}	1.98
	2	D−maltose（麦芽糖）	3.89×10^{-3}	2.28
	3	Deoxyguanosine（2′−脱氧鸟苷）	1.18×10^{-2}	0.43
	4	4−hydroxyproline（L−羟基脯氨酸）	1.90×10^{-2}	0.38
	5	5−aminolevulinic acid（5−氨基乙酰丙酸）	1.90×10^{-2}	0.38
	6	Phosphorylcholine（磷酸胆碱）	2.07×10^{-2}	0.31
	7	Allantoin（尿囊素）	2.31×10^{-2}	7.25
	8	Phosphonoacetate（乙酰磷酸）	2.32×10^{-2}	2.47
	9	Biliverdin（去氢胆红素）	3.51×10^{-2}	2.03
	10	Glycolate（乙醇酸）	4.27×10^{-2}	1.41
	11	L−pipecolic acid（L−2−哌啶酸）	4.55×10^{-2}	4.04
	12	quinic acid（奎宁酸）	4.62×10^{-2}	5.15
T200 组 vs. NC 组	1	tartaric acid（酒石酸）	1.42×10^{-3}	2.56
	2	L−phenylalanine（L−苯丙氨酸）	1.79×10^{-2}	0.57
	3	L−homocystine（高胱氨酸）	2.16×10^{-2}	5.21
	4	dCMP（2′−脱氧胞苷−5′−单磷酸）	2.84×10^{-2}	0.36
	5	Deoxyguanosine（2′−脱氧鸟苷）	2.91×10^{-2}	0.52
	6	UMP（uridine 5′−monophosphate）（尿苷 5−单磷酸）	3.52×10^{-2}	0.69
	7	cyclic GMP（鸟苷−3′,5′−环一磷酸）	3.79×10^{-2}	0.49

L－pipecolic acid 是 NC 组和 BC 组之间显著的差异代谢物，主要影响的代谢通路见图 5.6。表 5.11 中列出了 NC 组与其他各处理组之间排名前 4 位的代谢富集通路和相关的差异代谢物的详细信息。通过 KEGG（京都基因与基因组百科全书代谢途径数据库）分析，这些差异代谢物主要参与的代谢通路包括酪氨酸代谢、色氨酸代谢、儿茶酚胺的生物合成、磷脂酰胆碱的生物合成、赖氨酸降解、嘧啶代谢、乳糖的生物合成、苯丙氨酸和酪氨酸代谢和嘌呤代谢等。

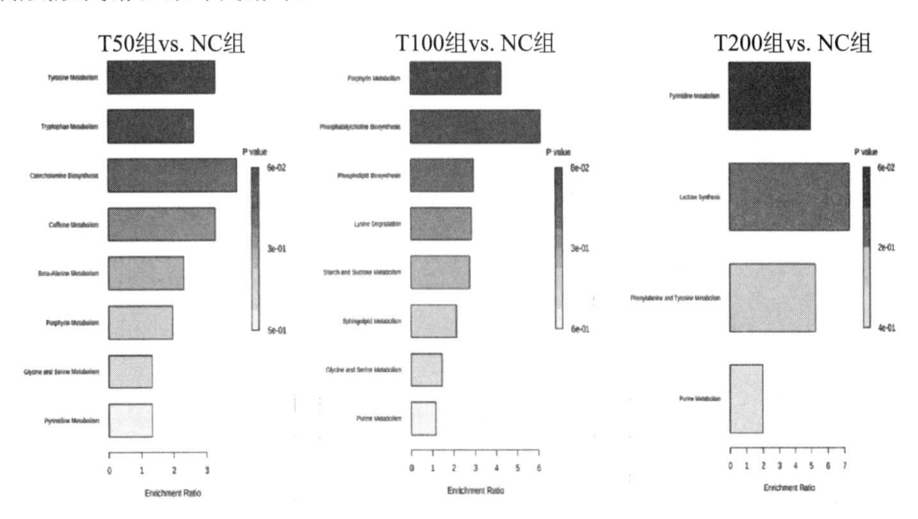

图 5.6　基于粪便中差异代谢物富集到的主要代谢通路分析

表 5.11　番石榴叶乙醇提取物影响仔猪粪便的前 4 代谢通路及差异代谢物

组别	代谢通路	差异代谢物	
		上调（$P<0.05$，$FC>1.10$）	下调（$P<0.05$，$FC<0.90$）
NC 组 vs. BC 组	/	/	L－pipecolic acid（L－2－哌啶酸）
T50 组 vs. NC 组	tyrosine metabolism（酪氨酸代谢）	3－methoxytyramine	Epinephrine；normetanephrine
	tryptophan metabolism（色氨酸代谢）	/	N－acetylserotonin；melatonin
	catecholamine biosynthesis（儿茶酚胺的生物合成）	/	Epinephrine
	caffeine metabolism（咖啡因代谢）	/	Caffeine
T100 组 vs. NC 组	porphyrin metabolism（卟啉代谢）	Biliverdin	5－aminolevulinic acid
	phosphatidylcholine biosynthesis（磷脂酰胆碱生物合成）	/	Phosphorylcholine
	Phospholipid biosynthesis（磷脂生物合成）	/	Phosphorylcholine
	lysine degradation（赖氨酸降解）	L－pipecolic acid	/

续表

组别	代谢通路	差异代谢物	
		上调（$P<0.05$，$FC>1.10$）	下调（$P<0.05$，$FC<0.90$）
T200 组 vs. NC 组	pyrimidine metabolism（嘧啶代谢）	/	UMP；dCMP
	lactose synthesis（乳糖合成）	/	UMP
	phenylalanine and tyrosine metabolism（苯丙氨酸和酪氨酸代谢）	/	L－phenylalanine
	purine metabolism（嘌呤代谢）	/	deoxyguanosine

结果表明，与 NC 组相比，T50 组显著提高了 3－methoxytyramine 的产生（$P<0.05$），并降低了 epinephrine、normetanephrine、N－acetylserotonin、melatonin 和 caffeine 的水平（$P<0.05$）。与 NC 组相比，T100 组显著上调了 biliverdin 和 L－pipecolic acid 的水平（$P<0.05$），并下调了 5－aminolevulinic acid 和 phosphorylcholine 的水平（$P<0.05$）。此外，与 NC 组相比，T200 组显著下调了 5′－monophosphate（UMP）、deoxycytidine monophosphate（dCMP）、deoxyguanosine 和 L－phenylalanine 的水平（$P<0.05$）。

（2）对仔猪血清代谢组学的影响。

对仔猪血清样本成分 NC 组 vs. BC 组、T50 组 vs. NC 组、T100 组 vs. NC 组和 T200 组 vs. NC 组的 PCA（图 5.7）分析表明，PCA 在 PC1 和 PC2 方向均有部分重叠。血清 PLS－DA 分析（图 5.8）表明，两组之间的血清代谢物特征存在显著差异，说明灌服大肠杆菌造成仔猪血清代谢紊乱，番石榴叶乙醇提取物具有调控仔猪血清恢复正常代谢的作用。

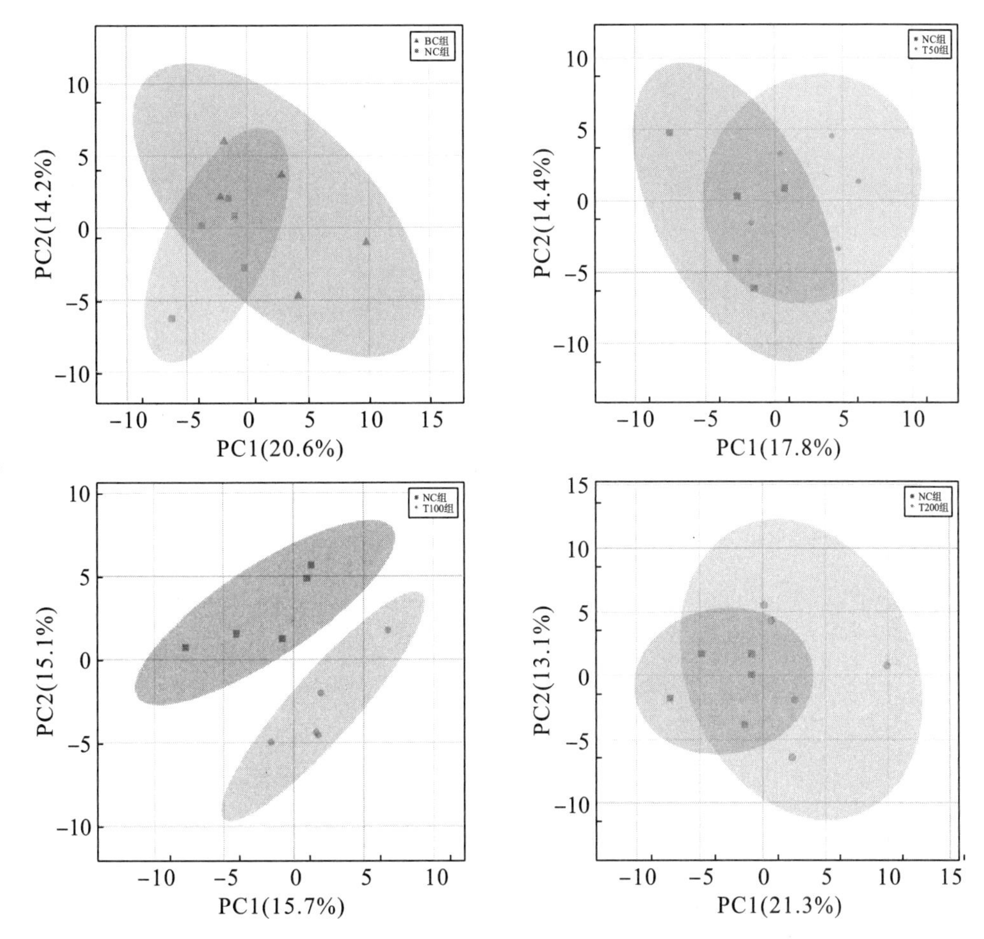

图 5.7 血清样本 PCA 分析

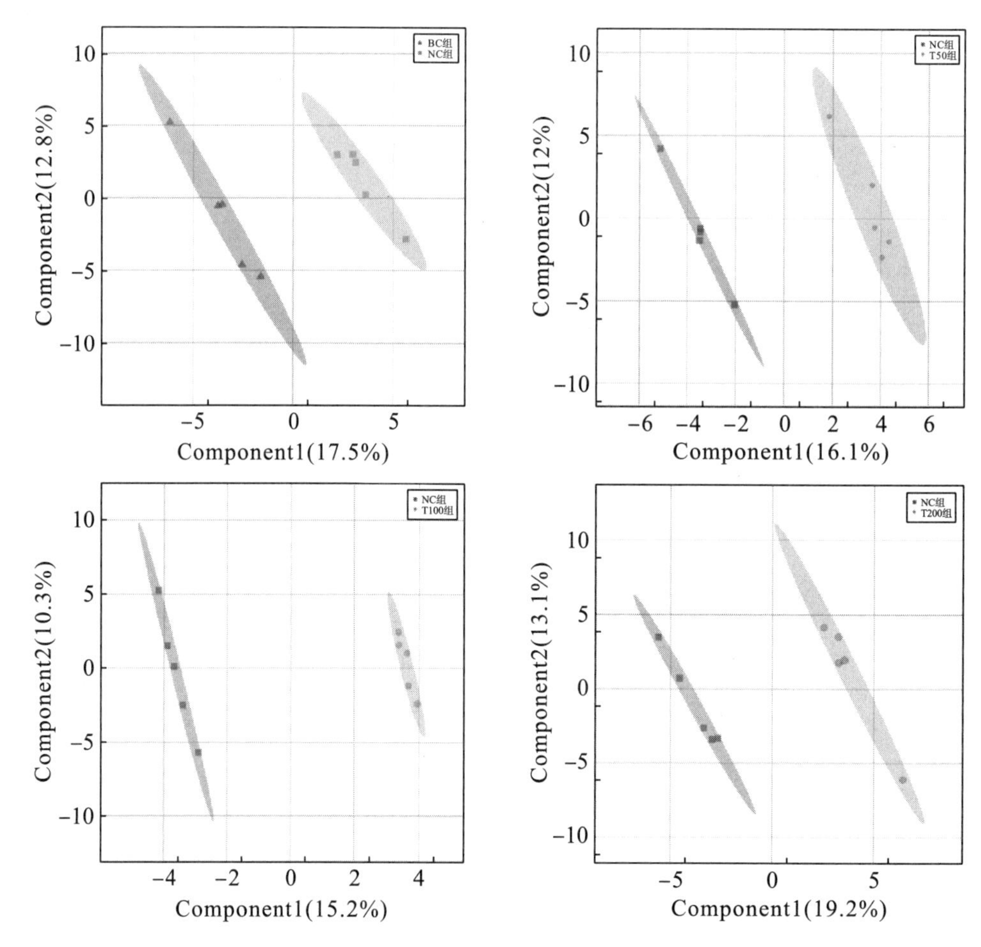

图 5.8　血清样本 PLA－DA 分析

各组仔猪血清中的差异代谢物见表 5.12，基于血清中差异代谢物富集到的主要代谢通路如图 5.9 所示。

表 5.12　各组仔猪血清中的差异代谢物

组别	序号	差异代谢物	*P* 值	*FC* 值
NC 组 vs. BC 组	1	cytidine monophosphate（5′－胞苷酸）	3.98×10^{-2}	0.31
	2	deoxyuridine triphosphate（脱氧尿苷 5′－三磷酸酯）	2.83×10^{-2}	0.33
	3	1－methyladenosine（1－甲基腺苷）	3.41×10^{-2}	0.34
	4	L－allothreonine（L－别苏氨酸）	4.14×10^{-2}	0.47
	5	oxidized glutathione［L－谷胱甘肽（氧化型）］	1.44×10^{-2}	0.51
	6	N,N－dimethylaniline（N,N－二甲基苯胺）	4.02×10^{-2}	0.51
	7	Hydroxykynurenine（DL－3－羟基犬尿素）	4.43×10^{-2}	0.54
	8	glucosamine 6－phosphate（D－氨基葡萄糖 6－磷酸）	2.71×10^{-2}	0.83

续表

组别	序号	差异代谢物	*P* 值	*FC* 值
NC 组 vs. BC 组	9	肌苷－5′－三磷酸三钠盐	2.89×10^{-2}	2.00
	10	chenodeoxycholic acid glycine conjugate（甘氨鹅脱氧胆酸钠）	2.44×10^{-2}	2.11
	11	L－kynurenine（L－犬尿氨酸）	4.65×10^{-2}	2.28
	12	Diaminopimelic acid（2,6－二氨基庚二酸）	8.46×10^{-3}	3.64
	13	β－烟酰胺腺嘌呤二核苷酸磷酸钠盐	7.22×10^{-3}	4.89
	14	Thiamine pyrophosphate（焦磷酸硫胺素）	4.25×10^{-2}	6.91
T50 组 vs. NC 组	1	Desthiobiotin（D－脱硫生物素）	1.23×10^{-2}	0.26
	2	2－phosphoglyceric acid（2－磷酸甘油酸）	2.12×10^{-2}	0.30
	3	Pterin（2－氨基－4－羟基蝶啶）	3.80×10^{-4}	0.40
	4	NADP（β－烟酰胺腺嘌呤二核苷酸磷酸钠盐）	4.72×10^{-2}	0.49
	5	Caffeine（咖啡因）	4.76×10^{-2}	1.85
	6	Hypotaurine（亚牛磺酸）	2.87×10^{-2}	1.87
	7	Tryptophanamide [2－氨基－3－(1H－吲哚－3－基)－丙酰胺]	4.58×10^{-2}	1.93
	8	Glycerol（甘油）	1.94×10^{-2}	2.05
	9	Quinic acid（奎宁酸）	4.79×10^{-3}	2.14
	10	5－aminolevulinic acid（5－氨基乙酰丙酸）	3.39×10^{-2}	2.21
	11	N－acetyl－L－alanine（N－乙酰－L－丙氨酸）	3.39×10^{-2}	2.21
	12	4－hydroxyproline（L－羟基脯氨酸）	3.39×10^{-2}	2.21
	13	Tetrahydrofolic acid（四氢叶酸）	3.86×10^{-2}	2.88
	14	Kynurenic acid（犬尿喹啉酸）	2.54×10^{-2}	42.12
T100 组 vs. NC 组	1	Phosphocreatine（磷酸肌酸）	4.14×10^{-2}	0.14
	2	2，5－dimethylpyrazine（2，5－二甲基吡嗪）	1.20×10^{-2}	0.18
	3	NADP（β－烟酰胺腺嘌呤二核苷酸磷酸钠盐）	9.85×10^{-3}	0.19
	4	Desthiobiotin（D－脱硫生物素）	1.81×10^{-2}	0.28
	5	Uridine 5′－diphospho－N－acetylgalactosamine（尿嘧啶核苷－5′－二磷酸－N－乙酰氨基半乳糖二钠盐）	3.66×10^{-2}	0.37
	6	Uridine diphosphate－N－acetylglucosamine [尿苷 5′－（2－乙酰氨基－2－脱氧－α－D－葡糖基焦磷酸酯)]	3.66×10^{-2}	0.37
	7	N－acetyltryptophan（N－乙酰－L－色氨酸）	4.09×10^{-2}	0.44
	8	L－glutamic acid（L－谷氨酸）	2.97×10^{-2}	1.33
	9	N－methyl－D－aspartic acid（N－甲基－D－天冬氨酸）	2.97×10^{-2}	1.33

续表

组别	序号	差异代谢物	*P* 值	*FC* 值
T100 组 vs. NC 组	10	O－acetylserine（O－乙酰丝氨酸）	2.97×10^{-2}	1.33
	11	3－sulfinoalanine（L－半胱亚磺酸）	2.74×10^{-2}	1.43
	12	L－glutamine（L－谷氨酰胺）	5.85×10^{-3}	1.61
	13	5－aminolevulinic acid（5－氨基乙酰丙酸）	2.34×10^{-3}	1.63
	14	N－acetyl－L－alanine（N－乙酰－L－丙氨酸）	2.34×10^{-3}	1.63
	15	4－hydroxyproline（L－羟基脯氨酸）	2.34×10^{-3}	1.63
	16	glucosamine 6－phosphate（D－氨基葡萄糖 6－磷酸）	2.49×10^{-2}	1.81
	17	Salicylamide（水杨酰胺）	1.77×10^{-2}	1.89
	18	Tryptophanamide［2－氨基－3－（1H－吲哚－3－基）－丙酰胺］	1.03×10^{-2}	1.91
	19	L－methionine（L－蛋氨酸）	3.82×10^{-2}	2.23
	20	S－adenosylhomocysteine［S－（5′－腺苷）－L－高半胱氨酸］	2.38×10^{-3}	2.33
	21	cytidine monophosphate（5′－胞苷酸）	1.34×10^{-2}	2.84
	22	Glycerol（甘油）	2.35×10^{-2}	2.92
	23	adenosine triphosphate（5′－三磷酸腺苷）	1.49×10^{-2}	2.97
	24	Tetrahydrofolic acid（四氢叶酸）	3.60×10^{-2}	3.39
	25	Thyrotropin releasing hormone（普罗瑞林）	5.00×10^{-4}	10.32
T200 组 vs. NC 组	1	Thiamine pyrophosphate（焦磷酸硫胺素）	3.39×10^{-2}	0.10
	2	β－烟酰胺腺嘌呤二核苷酸磷酸钠盐	6.88×10^{-3}	0.26
	3	L－aspartic acid（L－天门冬氨酸）	4.14×10^{-2}	0.26
	4	Ciliatine（2－氨基乙基膦酸）	4.53×10^{-2}	0.27
	5	Taurine（牛磺酸）	2.72×10^{-3}	0.27
	6	Indoleacetic acid（3－吲哚乙酸）	3.18×10^{-2}	0.30
	7	Guanidinosuccinic acid（2－胍基琥珀酸）	4.58×10^{-2}	0.35
	8	5－hydroxylysine（5－羟赖氨酸）	1.62×10^{-2}	0.38
	9	Diaminopimelic acid（2，6－二氨基庚二酸）	2.58×10^{-2}	0.43
	10	Uridine 5′－diphospho－N－acetylgalactosamine（尿嘧啶核苷－5′－二磷酸－N－乙酰氨基半乳糖二钠盐）	2.67×10^{-2}	0.43
	11	uridine diphosphate－N－acetylglucosamine［尿苷 5′－（2－乙酰氨基－2－脱氧－α－D－葡糖基焦磷酸酯）］	2.67×10^{-2}	0.43
	12	3－methylcrotonyl－CoA（3－甲基巴豆酰辅酶 A）	3.95×10^{-2}	0.52
	13	Pyridoxamine（盐酸吡多胺）	4.91×10^{-2}	0.56
	14	L－methionine（L－蛋氨酸）	4.87×10^{-3}	1.80

续表

组别	序号	差异代谢物	*P* 值	*FC* 值
T200 组 vs. NC 组	15	N－acetylneuraminic acid（N－乙酰神经氨酸）	1.48×10^{-2}	1.90
	16	L－palmitoylcarnitine（棕榈酰肉碱）	1.15×10^{-2}	2.12
	17	Ethyl 3－indoleacetate（吲哚－3－醋酸乙酯）	3.37×10^{-2}	2.15
	18	Quinic acid（奎宁酸）	6.76×10^{-3}	2.20
	19	Allantoin（尿囊素）	4.48×10^{-2}	2.36
	20	Guanosine diphosphate mannose（鸟苷二磷酸甘露糖）	9.00×10^{-4}	3.33
	21	Tetrahydrofolic acid（四氢叶酸）	3.43×10^{-3}	4.22
	22	5′－肌苷酸	3.29×10^{-2}	7.18

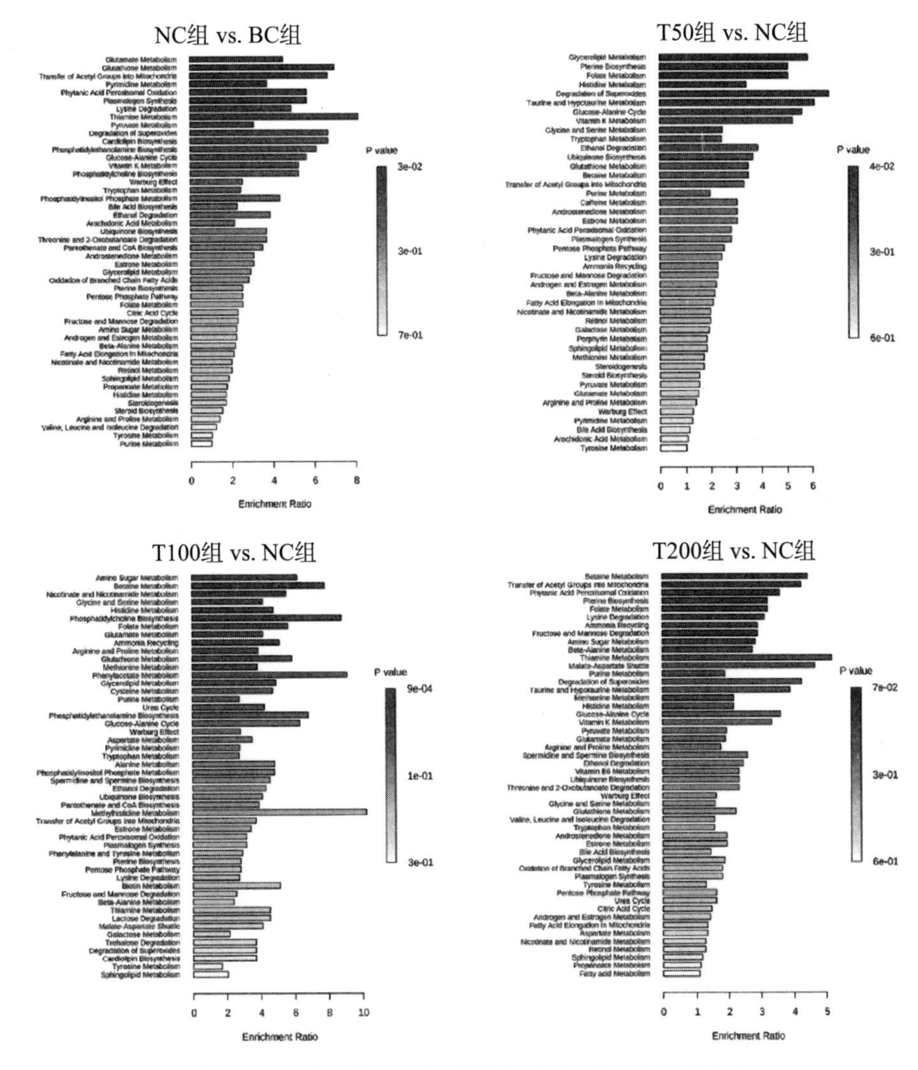

图 5.9　基于血清中差异代谢物富集到的主要代谢通路

番石榴叶乙醇提取物影响仔猪血清的前4代谢通路及差异代谢物见表5.13。通过KEGG分析，这些差异代谢物参与的代谢通路主要包括谷氨酸代谢、谷胱甘肽代谢、嘧啶代谢、甘油酯代谢、组氨酸代谢、叶酸代谢、氨基糖代谢、甜菜碱代谢、烟酸和烟酰胺代谢、甘氨酸和丝氨酸代谢、蝶呤生物合成等。与BC组相比，作为节点分子的NADP（烟酰胺-腺嘌呤二核苷酸磷酸酯或者β-烟酰胺腺嘌呤二核苷酸磷酸钠盐）在NC组中上调。四氢叶酸（THF）是受番石榴叶乙醇提取物影响的关键节点分子，与NC组相比，番石榴叶乙醇提取物的添加显著上调了血清中THF的水平（$P<0.05$）。可能是受到番石榴叶乙醇提取物添加剂量的影响，三个不同浓度的番石榴叶乙醇提取物添加组仔猪血清中的差异代谢产物和影响主要的代谢通路亦不相同。特别是与NC组相比，T100组的番石榴叶乙醇提取物显著提高了血清中三磷酸腺苷（ATP）、L-谷氨酸（L-glu）和L-谷氨酰胺（Gln）的合成（$P<0.05$）。另一方面，与BC组相比，NC组显著降低了硫胺素焦磷酸（TPP）的产生（$P<0.05$），然而，与NC组相比，T200组中番石榴叶乙醇提取物显著提高了血清中TPP和L-天门冬氨酸（L-aspartic acid）的浓度水平（$P<0.05$）。

表5.13　番石榴叶乙醇提取物影响仔猪血清的前4代谢通路及差异代谢物

组别	代谢通路	差异代谢物	
		上调 （$P<0.05$，$FC>1.10$）	下调 （$P<0.05$，$FC<0.90$）
NC组 vs. BC组	Glutamate metabolism （谷氨酸代谢）	NADP	Glucosamine 6-phosphate；Oxidized glutathione
	Glutathione metabolism （谷胱甘肽代谢）	NADP	Oxidized glutathione
	Transfer of acetyl groups into mitochondria （乙酰基转移到线粒体）	NADP；Thiamine pyrophosphate	/
	Pyrimidine metabolism （嘧啶代谢）	NADP	CMP；dUTP
T50组 vs. NC组	Glycerolipid metabolism （甘油酯代谢）	glycerol	NADP
	Pterine biosynthesis （蝶呤生物合成）	Tetrahydrofolic acid	NADP
	Folate metabolism （叶酸代谢）	Tetrahydrofolic acid	NADP
	Histidine metabolism （组氨酸代谢）	Tetrahydrofolic acid	NADP

续表

组别	代谢通路	差异代谢物	
		上调 （$P<0.05$，$FC>1.10$）	下调 （$P<0.05$，$FC<0.90$）
T100组 vs. NC组	Amino sugar metabolism （氨基糖代谢）	L−glutamic acid； ATP；L−glutamine； Glucosamine 6−phosphate	Uridine diphosphate −N−Acetylglucosamine
	Betaine metabolism （甜菜碱代谢）	L−methionine； Tetrahydrofolic acid；ATP； S−adenosylhomocysteine	/
	Nicotinate and nicotinamide metabolism （烟酸和烟酰胺代谢）	L−glutamic acid；ATP； L−glutamine； S−adenosylhomocysteine	NADP
	Glycine and serine metabolism （甘氨酸和丝氨酸代谢）	S−adenosylhomocysteine； L−glutamic acid； 5−aminolevulinic acid； ATP；L−methionine； Tetrahydrofolic acid	/
T200组 vs. NC组	Betaine metabolism （甜菜碱代谢）	L−methionine； Tetrahydrofolic acid	/
	Transfer of acetyl groups into mitochondria （乙酰基转移到线粒体）	/	NADP；Thiamine pyrophosphate
	Phytanicacid peroxisomal oxidation （植烷酸过氧化物酶体氧化）	/	NADP；Thiamine pyrophosphate
	Pterine biosynthesis （蝶呤生物合成）	Tetrahydrofolic acid	NADP

综观上述结果，在日粮中添加50～200 mg/kg的番石榴叶乙醇提取物可以有效缓解ETEC感染导致的仔猪腹泻，并改善仔猪肠道通透性和黏膜损伤，从而提高仔猪肠道屏障功能和免疫功能。在日粮中添加番石榴叶乙醇提取物（50～200 mg/kg）可以增强受ETEC感染的断奶仔猪的抗氧化能力。

参考文献

[1] Arima H，Danno G I. Isolation of antimicrobial compounds from guava（*Psidium guajava L.*）and their structural elucidation [J]. Bioscience Biotechnology & Biochemistry，2002，66（8）：1727−1730.

[2] Begum S，Ali S N，Hassan S I，et al. A new ethylene glycol triterpenoid from

the leaves of *Psidium guajava* [J]. Natural Product Research, 2007, 21 (8): 742—748.

[3] Chollom S C, Agada G O A, Bot D Y, et al. Phytochemical analysis and antiviral potential of aqueous leaf extract of *Psidium guajava* against new castle disease virus in ovo [J]. Journal of Applied Pharmaceutical Science, 2012, 2 (10): 45—49.

[4] Sayed N H. Flavonoid from *Psidium guajava* [J]. Asian Jourual of Chemistry, 1997, 9: 871—872.

[5] Lapcik O, Klejdus B, Kokoska L, et al. Identification of isoflavones in *Acca sellowiana* and two Psidium species (Myrtaceae) [J]. Biochemical Systematics and Ecology, 2005, 33 (10): 983—992.

[6] Lozoya X, Meckes M, Abou—Zaid M, et al. Quercetin glycosides in *Psidium guajava* L. leaves and determination of a spasmolytic principle [J]. Archives of Medical Research, 1994, 25 (1): 11—15.

[7] Maruyama Y, Matsuda H, Matsuda R, et al. Study on *Psidium guajava* L. (I): Anti—diabetic Effect and Effective Components of the Leaf of *Psidium guajava* L. (Part 1) [J]. Japanese Journal of Pharmacognosy, 1985, 39: 261—269.

[8] Matsuzaki K, Ishii R, Kobiyama K, et al. New benzophenone and quercetin galloyl glycosides from *Psidium guajava* L. [J]. Journal of Natural Medicines, 2010, 64 (3): 252—256.

[9] Nantitanon W, Okonogi S. Comparison of antioxidant activity of compounds isolated from guava leaves and a stability study of the most active compound [J]. Drug Discoveries &Therapeutics, 2012, 6 (1): 38—43.

[10] Nantitanon W, Yotsawimonwat S, Okonogi S. Factors influencing antioxidant activities and total phenolic content of guava leaf extract [J]. LWT — Food Science and Technology, 2010, 43 (7): 1095—1103.

[11] Qaadan F, Petereit F, Nahrstedt A. Polyme ricproan thocyanidins from *Psidium guajava* [J]. Scientia Pharmaceutica, 2005, 73: 113—125.

[12] Rattanachaikunsopon P, Phumkhachorn P. Contents and antibacterial activity of flavonoids extracted from leaves of *Psidium guajava* [J]. Journal of Medicinal Plant Research, 2010, 4 (5): 393—396.

[13] Seshadri T R, Vasishta K. Polyphenols of Psidium *guajava* plant [J]. Currentence, 1963, 32 (11): 499—500.

[14] Takuo O, Takashi Y, Tsutomu H, et al. Guavins A, C and D, complex tannins from *Psidium guajava* [J]. Chemical and Pharmaceutical Bulletin, 1987, 35 (1): 443—446.

[15] Wang D F, Zhou L L, Zhou H L, et al. Chemical composition and protective effect of guava (*Psidium guajava* L.) leaf extract on piglet intestines [J].

Journal of Science of Food and Agriculture，2021，101 (7)：2767—2778.

[16] Wilson C W，Shaw P E. Terpene hydrocarbons from Psidium guajava [J]. Phytochemistry，1978，17 (8)：1435—1436.

[17] Yang X L，Hsieh K L，Liu J K. Guajadial：An unusual meroterpenoid from guava leaves *Psidium guajava* [J]. Organic Letters，2007，9 (24)：5135—5138.

[18] 蔡玲斐，徐迎. 番石榴叶提取物对常见细菌的体外抗菌作用 [J]. 医药导报，2005 (12)：1095—1097.

[19] 蔡丹昭，刘华钢，陈洪涛，等. 番石榴叶总黄酮对实验性糖尿病小鼠血糖水平的影响 [J]. 生命科学研究，2009，13 (1)：34—37.

[20] 陈国宝. 番石榴叶及其提取物对轮状病毒的体内外实验研究 [D]. 广州：第一军医大学，2002.

[21] 陈智理，杨昌鹏，赵永锋，等. 番石榴叶多酚分离纯化工艺研究 [J]. 食品研究与开发，2016，37 (24)：54—58.

[22] 杜阳吉，王三永，李春荣. 番石榴叶黄酮与多糖提取及其降血糖活性研究 [J]. 食品研究与开发，2011，32 (10)：56—59.

[23] 冯珍鸽，陈丙年，王力. 番石榴叶提取物的鉴定及其抑菌活性 [J]. 食品研究与开发，2010，31 (3)：35—39.

[24] 付辉政，罗永明，张东明. 番石榴叶化学成分研究 [J]. 中国中药杂志，2009，34 (5)：577—579.

[25] 黄海军，周迎春，鄢文，等. 番石榴叶中皂苷和挥发油抗轮状病毒作用研究 [J]. 医药导报，2008 (7)：772—775.

[26] 黄建林，张展霞. 番石榴叶挥发性成分分析 [J]. 化学与生物工程，2006 (5)：58—59.

[27] 黄艳，周璐丽，王定发，等. 番石榴叶提取物体外抑菌和抗氧化作用的研究 [J]. 黑龙江畜牧兽医，2017 (1)：192—194，199.

[28] 柯昌松，王轰，牟伟丽. 番石榴叶提取物——槲皮素的抑菌效果 [J]. 食品研究与开发，2013，34 (2)：7—9.

[29] 李璇，杨蕾，王娟飞，等. 番石榴叶提取物对高脂性肥胖小鼠的减肥降脂作用的研究 [J]. 现代生物医学进展，2012，12 (31)：6001—6005.

[30] 邵萌，王英，蓢雨青，等. 番石榴叶乙醇提取物的化学成分研究 [J]. 中国中药杂志，2014，39 (6)：1024—1029.

[31] 王波，刘衡川，鞠长燕. 攀枝花地区野生番石榴叶不同提取物降血糖作用研究 [J]. 四川大学学报（医学版），2005 (6)：103—106.

[32] 吴慧星，李晓帆，李荣，等. 番石榴叶中抗氧化活性成分的研究 [J]. 中草药，2010，41 (10)：1593—1597.

[33] 吴英华，任凤莲. 7 种植物提取物的体外抗氧化活性比较研究 [J]. 中成药，2014，36 (6)：1298—1301.

[34] 吴震威，卞疆，钱和. 番石榴叶提取物的抗氧化性研究 [J]. 江苏食品与发酵，

2006 (3)：1－5.
[35] 徐金瑞，郭志成，罗燕琴，等. 番石榴叶对食品中几种常见细菌的抑菌作用 [J]. 食品研究与开发，2010，31 (3)：173－175.
[36] 徐金瑞，侯方丽，黄建蓉，等. 番石榴叶多酚的提取及其抗氧化作用研究 [J]. 食品研究与开发，2016，37 (23)：38－41，55.
[37] 赵晶晶. 番石榴叶总三萜对Ⅱ型糖尿病大鼠的作用及作用机理 [D]. 广州：暨南大学，2011.

6　显齿蛇葡萄提取物的应用

6.1　显齿蛇葡萄概述

目前已知全球约有30种葡萄科蛇葡萄属植物，主要分布于北美和亚洲地区，其中我国境内约有17种。显齿蛇葡萄（藤茶）是葡萄科蛇葡萄属的木质藤本，也是我国民间广为流传的民族特色茶药。显齿蛇葡萄（*Ampelopsis grossedentata*）又名莓茶、青霜古藤茶、茅岩青霜茶、土家神茶、神仙草等，最早记载于元代忽思慧所著的《饮膳正要》中，至今已有近700年的历史，是一种药食两用的植物。《救荒本草》《全国中草药汇编》等药典中均有记载，莓茶色绿起白霜，历史上曾有“藤茶”“白茶”“神茶”之称。关于藤茶的分布，早在元朝《饮膳正要》中提到藤茶、川茶、夸茶均出自四川；清代《棚民谣》记载藤茶在江西客家地区普遍作为人们的日常饮用茶；《评王券牒书传为记》也有记载，藤茶深受广西瑶族、壮族等少数民族的青睐，其既可作为代茶饮料，又可药用治疗疾病；《中国植物志》记载，藤茶主产于我国江西、福建、湖北、湖南、广东、广西、贵州、云南，喜生于沟谷林中或山坡灌丛，海拔200～1500 m。据本草古籍和民族医（药）典记载，藤茶味甘淡，性凉，具有清热解毒、利湿消肿、平肝降压和活血通络等功效。相传于明嘉靖三十四年（1555年），彭翼南、彭明辅率士兵奔赴东南沿海抗击倭寇，士兵因水土不服，多有腹泻，几乎失去战斗力，军医回永顺收集莓茶500余公斤，用军锅熬煮以止腹泻。

显齿蛇葡萄枝为小枝，呈圆柱形，有显著纵棱纹，无毛。卷须两叉分枝，相隔两节间断与叶对生。叶为1～2回羽状复叶，2回羽状复叶者基部一对为3小叶，小叶呈卵圆形、卵椭圆形或长椭圆形，叶长2～5 cm，宽1.0～2.5 cm，顶端急尖或渐尖，基部呈阔楔形或近圆形，边缘侧有2～5个锯齿，两面均无毛；侧脉3～5对，网脉微突出，最后一级网脉不明显；叶柄长1～2 cm，无毛；托叶早落。花序为伞房状多歧聚伞花序，与叶对生；花序梗长1.5～3.5 cm，无毛；花梗长1.5～2.0 mm，无毛；花蕾呈卵圆形，高1.5～2.0 mm，顶端圆形，无毛；萼呈碟形，边缘波状浅裂，无毛；花药呈卵圆形，长略甚于宽，花盘发达，波状浅裂；子房下部与花盘合生，花柱钻形，柱头不明显扩大。果近球形，直径为0.6～1.0 cm，有种子2～4颗；种子呈倒卵圆形，顶端呈圆形，基部有短喙，种脐在种子背面中部呈椭圆形，上部棱脊突出，表面有钝肋纹突起，腹部中棱脊突出，两侧洼穴呈倒卵形，从基部向上达种子近中部。花期在5—8月，果期在8—12月。

6.2 显齿蛇葡萄的成分

显齿蛇葡萄含人体必需的17种氨基酸、14种微量元素等营养成分和含量较高的功能性成分，可有效增强人体的免疫功能。显齿蛇葡萄含有一种天然植物霜，其主要成分为黄酮，总黄酮含量为43.3%～44.0%，是目前发现黄酮含量最高的植物之一。李佳川等（2021）查阅相关资料，将显齿蛇葡萄的化学成分、药理作用结合质量标志物理论，从同属植物亲缘学关系、传统功效、传统药性、临床新用途、化学成分可测性等方面对显齿蛇葡萄质量标志物进行预测分析，基于化学成分可测性的质量标志物预测分析表明，杨梅素、二氢杨梅素等黄酮类成分、多糖类、多酚类及挥发性成分与显齿蛇葡萄有效性密切相关，且均可通过一定方法进行定量检测与分析，可能是显齿蛇葡萄的药效物质基础，可作为质量标志物的选择依据。

6.2.1 酚类

白秀秀等（2013）采用柱色谱分离技术（硅胶、聚酰胺、Sephadex LH－20）以及半制备HPLC法分离得到8个化合物，进一步经NMR、HR－MS等波谱学方法鉴定显示，这8个化合物分别为二氢杨梅素、5,7,3′,4′,5′－五羟基二氢黄酮、没食子酰－β－D－葡萄糖苷、没食子酸、没食子酸乙酯、杨梅苷、（2R,3S）－5,7,3′,4′,5′－五羟基二氢黄酮醇、杨梅素。付明等（2015）运用多种色谱技术分离得到显齿蛇葡萄叶中16个黄酮苷类成分，采用波谱技术和理化性质确定其化合物结构，分别鉴定为二氢杨梅素、大黄素、槲皮素、杨梅素、花旗松素、山柰酚、二氢山柰酚、杨梅素－3－O－L－鼠李糖苷、阿福豆素、1,5,8－三羟基－3－甲氧基酮、槲皮素－3－O－α－L－吡喃鼠李糖苷、杨梅素－3′－O－β－D－吡喃木糖苷、蛇葡萄素、杨梅素－3－O－β－D－葡萄糖苷、紫云英苷和杨梅素－3－O－β－D－半乳糖苷。何桂霞等（2000）的研究结果表明，二氢杨梅素是显齿蛇葡萄中含量最高的一种黄酮类化合物，含量高达37.4%～38.5%。

6.2.2 多糖类

熊皓平等（2004）分别采集三个季节（春季、夏季和秋季）的显齿蛇葡萄幼嫩茎叶，分析发现，水溶性糖、水溶性蛋白质、氨基酸是显齿蛇葡萄水浸出物中的基本组分，水溶性糖含量以秋茎最高，且叶与茎含量相差明显，分别为（9.44±0.32）%和（14.54±0.23）%，春、夏两季茎叶中水溶性糖含量相差不大，约为10%。罗祖友等（2009）采用DEAE－SephadexA－25、SephadexG－200和HPLC技术对显齿蛇葡萄多糖进行分离纯化，得到AGP－3组分，并对其结构进行初步鉴定，结果表明，AGP－3（MW，1.02×10^5 Da）含中性糖57.6%、糖醛酸32.3%和蛋白质3.5%。潘欣妍（2019）利用热水浸提、乙醇沉淀的方法提取显齿蛇葡萄多糖，结果表明，在最佳提取条件下(95 ℃、料液比为1∶40、提取 1 h)，显齿蛇葡萄多糖的提取率为 11.26%，其多糖由 Man、GlcUA、Glc、Gal、Xyl 组成，且显齿蛇葡萄多糖为含硒的多糖。

6.2.3　挥发油类

苏素娇（2014）采用水蒸气蒸馏法提取显齿蛇葡萄叶，共鉴定出 40 种化学成分，占挥发油总量的 62.64%，其中萜类化合物有 9 个（4.99%）、芳香族化合物有 3 个（2.14%），脂肪族化合物有 28 个（55.45%）、且初步确定，其叶中香气成分与 α－萜品醇、β－环柠檬醛、芳樟醇、壬酸、癸酸、2,7－二甲基－2,6－辛二烯－1－醇、橙花醇、香叶基丙酮、β－紫罗兰酮、2,4－二叔丁基苯酚、橙花叔醇、柏木脑、邻苯二甲酸异丁基辛基酯、金合欢基丙酮、4－氯二苯甲酮、6,10,14－三甲基－2－十五烷酮等挥发性化合物存在有关。

6.2.4　其他类

刘慧颖等（2016）从显齿蛇葡萄中分离出了豆甾醇（stigmasterol）、齐墩果酸（oleanplic acid）、β－谷甾醇（β－sitosterol）等甾体类化合物，同时发现显齿蛇葡萄中还含有萜类化合物（主要为龙涎香醇），显齿蛇葡萄的幼嫩茎叶中包含多种微量元素，其中，对人体健康与疾病防治有重要影响的无机元素（如 Fe、Cu、Mn、Zn、Se 等）在显齿蛇葡萄中的含量均较高。

6.3　显齿蛇葡萄的作用

显齿蛇葡萄含有黄酮类、多糖类、多酚类等多种活性成分，具有抑菌、抗氧化、抗炎、抗肿瘤等多种作用。

6.3.1　显齿蛇葡萄的抑菌作用

显齿蛇葡萄具有广谱抗菌活性，对革兰氏阳性菌和革兰氏阴性菌均有抑制作用。熊大胜等（2000）用 3 种不同的提取方法提取了显齿蛇葡萄茎叶中的有效成分，体外抑菌实验研究结果表明，显齿蛇葡萄提取物对细菌和真菌均有较好的抑制作用，其中对黑曲霉和黄曲霉的最低抑菌浓度分别为 0.70%和 1.10%，对金黄葡萄球菌和枯草杆菌的最低抑菌浓度均小于 0.07%。陈帅等（2013）采用平板打孔法测定显齿蛇葡萄总黄酮的抑菌效果，结果表明，显齿蛇葡萄总黄酮对金黄色葡萄球菌、志贺氏菌、枯草芽孢杆菌、沙门氏菌和大肠杆菌均有较好的抑制效果，且其抑制志贺氏菌的效果最好。

6.3.2 显齿蛇葡萄的抗氧化作用

张煊等（2020）研究了显齿蛇葡萄提取物对素肉丸在冷藏期间脂质氧化和蛋白质氧化的抗氧化活性，结果表明，与空白对照组比较，显齿蛇葡萄提取物可以有效保持素肉丸的水分含量、亮度和弹性，显著降低脂肪的过氧化值和TBARS值，并以剂量依赖方式抑制羰基化合物的形成，且这种抑制作用高于阳性对照BHT，从而显著抑制素肉丸在冷藏期间的脂质氧化和蛋白质氧化。徐新等（2018）采用体外抗氧化活性实验，系统观察显齿蛇葡萄提取物对不同自由基的抗氧化活性，结果显示，显齿蛇葡萄提取物能明显清除或抑制DPPH自由基、羟基自由基及超氧阴离子自由基产生，提高总抗氧化能力，且呈一定的剂量依赖性，其对DPPH自由基、羟基自由基和超氧阴离子自由基清除作用的IC50值分别为0.338 mg /mL、18.713 mg /mL和263.1 U/L，且总抗氧化能力为19.76 mM。Gao等（2009）通过传统的溶剂萃取和重结晶法从显齿蛇葡萄叶子中提取到两种富含类黄酮的提取物，经抗氧化试验（1,1－二苯基－2－苦基肼自由基清除、还原能力、亚油酸体系中的抗氧化活性）表明，富含黄酮的提取物的抗氧化活性可与叔丁基对苯二酚相媲美，有望成为一种在食品工业中具有潜在的应用价值的新型天然抗氧化剂。Ye等（2015）在大豆油和煮熟的碎牛肉两个模型系统中分析了显齿蛇葡萄提取物（EXT）及其主要成分二氢杨梅素（DHM）的抗氧化活性，并与对照品BHA进行了比较，结果显示，DHM在防止大豆油氧化方面比BHA更有效；在煮熟的牛肉中，所有抗氧化剂（EXT、DHM和BHA）都具有很好的抗氧化作用，三者之间差异不大。

6.3.3 显齿蛇葡萄的抗炎作用

祁佳等（2013）采用大鼠足趾肿胀实验法，观察显齿蛇葡萄水提取物对炎症的抑制作用，以验证其是否具有清咽、抗炎的功效，结果表明，与阴性对照组比较，显齿蛇葡萄水提取物组在致炎后3 h、6 h足趾肿胀率均具有显著差异，可能是通过降低组织中前列腺素E2含量而发挥出较强的抗炎作用。钟正贤等（1998）对从显齿蛇葡萄中提取得到的双氢杨梅树皮素的药理学研究表明，灌服双氢杨梅树皮素小鼠的呼吸道酚红排出量显著增加，氢氧化胺实验性咳嗽潜伏期延长，咳嗽次数有效减少，表现出较好的祛痰、止咳作用。Hou等（2015）探讨了二氢杨梅素的抗炎活性以及潜在作用机制，证明二氢杨梅素可有效抑制促炎细胞因子［如肿瘤坏死因子－α（TNF－α）、白介素－1β（IL－1β）和白介素－6（IL－6）］的水平，并增加了脂多糖（LPS）处理的小鼠体内的抗炎细胞因子白细胞介素10（IL－10），此外，发现二氢杨梅素能显著抑制一氧化氮（NO）的产生，降低巨噬细胞中诱导型一氧化氮合酶（iNOS）、TNF－α和环氧合酶－2（COX－2）的蛋白质表达，抑制LPS刺激的巨噬细胞中NF－κB和IκBα的磷酸化以及p38和JNK的磷酸化，但不抑制ERK1/2的磷酸化。结果表明，二氢杨梅素通过抑制NF－κB激活以及p38和JNK的磷酸化发挥其局部抗炎作用，是一种潜在的炎症治疗剂。

6.3.4　显齿蛇葡萄的抗肿瘤作用

周春权等（2012）采用四甲基偶氮唑蓝法，研究了显齿蛇葡萄总黄酮对肿瘤细胞体外增殖的影响，结果显示，显齿蛇葡萄总黄酮对人乳腺癌细胞和人前列腺癌细胞的72 h半数抑制浓度（IC50）分别为19.15 μg/mL、27.54 μg/mL，表现出明显的体外抑制肿瘤细胞增殖的作用，且呈剂量依赖性。罗祖友等（2007）通过S180荷瘤小鼠动物模型，研究显齿蛇葡萄多糖的体内抑瘤作用及免疫调节活性，结果表明，25～100 mg/（kg·d)的显齿蛇葡萄多糖抑瘤率为5.81%～32.56%，50 mg/（kg·d）、100 mg/（kg·d）的显齿蛇葡萄多糖可显著提高小鼠迟发性超敏反应、腹腔巨噬细胞吞噬率与吞噬指数、血清溶血素含量与脾细胞抗体形成、红细胞CAT活性等，以及显著降低血清LDH活性，推测显齿蛇葡萄多糖可能是通过增强荷瘤小鼠免疫力和抗氧化能力发挥抑瘤作用的。

6.3.5　显齿蛇葡萄的其他作用

焦思棋等（2019）研究了显齿蛇葡萄醇提物及其8种主要黄酮类化合物对α－葡萄糖苷酶的抑制作用，结果显示，0.1～1.0 mg/mL显齿蛇葡萄醇提物对α－葡萄糖苷酶具有明显的抑制作用，其IC50值为0.338 mg/mL，8种主要黄酮化合物也对α－葡萄糖苷酶具有不同程度的抑制作用，其中以槲皮素的抑制效果最强，IC50值为0.083 mg/mL。漆姣媚等（2017）研究了显齿蛇葡萄总黄酮（TFAG）降血糖的效果，结果显示，TFAG能抑制α－葡萄糖苷酶和α－淀粉酶的活性，且TFAG对α－葡萄糖苷酶的抑制作用优于α－淀粉酶，同时，TFAG还能显著降低糖尿病小鼠的血糖、低密度脂蛋白（LDL）、总胆固醇（TC）和甘油三酯（TG）浓度，增加胰岛素和高密度脂蛋白（HDL）浓度，修复胰岛细胞，降血糖作用和抗氧化能力显著。

6.4　显齿蛇葡萄提取物在畜禽养殖中的应用

6.4.1　显齿蛇葡萄提取物在猪养殖中的应用

熊云霞等（2019）选用平均初始体重为30 kg的三元杂交（杜×长×大）去势公猪90头，随机分成3个处理组，即对照组（CON组，饲喂基础日粮）、植物精油复合物组（A组，在基础日粮中添加0.03%植物精油复合物）和显齿蛇葡萄提取物组（B组，在基础日粮中添加0.03%显齿蛇葡萄提取物），根据不同体重阶段（30～50 kg、50～75 kg、75～100 kg及100 kg以上出栏）饲喂不同的基础日粮，每次换料前及试验结束后称重采血，分析在不同体重阶段添加0.03%显齿蛇葡萄提取物对猪生长性能、血液生化指标、抗氧化活性的影响。结果表明，与CON组相比，添加0.03%显齿蛇葡萄提取物显著提高了30～75 kg猪的平均日采食量（ADFI）和平均日增重（ADG），显著降低了30～50 kg猪血清中乳酸（LA）含量；显著提高了50～75 kg猪血液胰岛素（INS）浓度，但对血糖（GLU）浓度无显著影响；显著提高了75～100 kg猪的GLU浓度，INS浓度有升高趋势，乳酸脱氢酶（LDH）含量显著降低，猪各体重阶段血清生长激素（GH）含量均有升高趋势。B组猪血清中总超氧化物歧化酶（T－SOD）活力、丙二醛（MDA）含量、谷胱甘肽过氧化物酶（GSH－Px）活力、总抗氧化能力（TAOC）在各体重阶段与CON组相比均无显著差异；与A组相比，添加0.03%显齿蛇葡萄提取物显著提高了30～100 kg猪的ADFI，显著降低了30～50 kg的猪血清中LA含量，且显著提高了50 kg以上体重阶段猪血清中的GSH－Px活力。综上所述，在基础日粮中添加0.03%显齿蛇葡萄提取物可促进30～75 kg猪生长代谢，在一定程度改善50～100 kg猪的血糖代谢，且添加显齿蛇葡萄提取物优于添加等量植物精油复合物的效果。武书庚等（2005）发现，添加100 mg/kg显齿蛇葡萄黄酮能显著改善仔猪的生长性能及提高饲料转化率，提高仔猪平均日增重（ADG），并显著降低咳喘率。杨茂林等（2014）选择36头产仔时间、体重接近的健康江口萝卜猪，随机分成实验组和对照组，每组18头，实验组在日粮中添加2%生态复合显齿蛇葡萄，对照组饲喂基础日粮，研究生态复合显齿蛇葡萄饲料添加剂对育肥猪生长性能及抗病力的影响。结果表明，实验组的全期ADG和ADFI比对照组分别提高126 g和265 g，腹泻率和咳喘率分别降低11.31%和1.28%。赵萌等（2016）的研究发现，添加0.5%显齿蛇葡萄总黄酮（AGF）能够提高仔猪的生长性能，提高仔猪平均日增重，降低料肉比，提高饲料利用率，降低仔猪的腹泻频率，从而改善仔猪的消化道环境，改善仔猪的咳喘情况，对呼吸道疾病有一定的治疗作用，可提高或降低仔猪血清中的一些参与代谢的指标和酶活性，从而提高仔猪代谢能力，并且增强仔猪的免疫功能。

6.4.2 显齿蛇葡萄提取物在鸡养殖中的应用

梁萌（2004）通过开展三个实验，分别对显齿蛇葡萄提取物（其有效成分为显齿蛇葡萄黄酮，AGF）对肉鸡的免疫性能、脂质过氧化水平及脂质代谢作用进行了初步研究。

实验一：选用1日龄艾拔益加肉鸡（AA肉鸡）48只，随机分成4个组（每组12只鸡），每组4个重复，每个重复3只鸡。正常饲喂至31日龄，实验组灌服不同浓度的AGF[120 mg/（kg·bw）、240 mg/（kg·bw）和480 mg/（kg·bw）]，对照组灌服相同剂量的生理盐水，连续灌服3天。分别测定31日、35日和42日龄鸡血清的超氧化物歧化酶（SOD）活性、血糖、胆固醇（TC）、低密度脂蛋白－胆固醇（LDL－C）及高密度脂蛋白－胆固醇（HDL－C）含量，并且在42日龄每个重复屠杀2只鸡，以测定其免疫器官指数。结果表明，短期灌服AGF可显著促进鸡免疫器官发育，并且灌服剂量为240 mg/（kg·bw）时效果较明显；AGF对鸡的脂质过氧化反应，以及血糖均有显著影响，其中240 mg/（kg·bw）和480 mg/（kg·bw）组对SOD活性和血糖含量的影响较明显；短期灌服AGF对鸡的脂类代谢影响不明显，但可以降低AI（TC/HDL－L比值）值。

实验二：选用新生 AA 肉鸡 48 只，随机分到 4 个日粮处理组（每组 4 个重复，每个重复 3 只鸡），分别为空白对照组、0.025% AGF 组、0.050% AGF 组和 0.100% AGF 组。正常饲喂至 23 日龄，并在 23 日龄开始连续五天给鸡腹腔注射地塞米松（5 mg/kg）造成鸡免疫抑制。分别测定 23 日龄、28 日龄、35 日龄和 42 日龄鸡抗体滴度及相关 SOD 活性、丙二醛（MDA）、血糖浓度等血液生化指标。并在 28 日龄、35 日龄和 42 日龄解剖分离鸡胸腺、脾脏、法氏囊称重，计算其相对质量。结果表明：AGF 对免疫抑制鸡的免疫性能有显著影响，能有效提高免疫抑制鸡的法氏囊系数，调节鸡机体脂质过氧化反应，有效提高 SOD 活性和 MDA 含量，维持免疫抑制鸡的生长水平，并且以 0.050% AGF 组的效果最为理想。

实验三：在前两个试验均成立的基础上，进一步研究日粮中添加不同梯度的 AGF 在一个生长周期中对鸡生长性能、免疫性能及血液生化方面的影响。选用新生 AA 肉鸡 288 只，随机分到 4 个日粮处理组（每组 6 个重复，每个重复 12 只鸡）。分别测定 28 日龄、35 日龄和 42 日龄鸡肝脏、心脏和肌胃的质量，肠道长度以及脾脏、胸腺、法氏囊的质量。测定 21 日龄、28 日龄、35 日龄和 42 日龄鸡血清新城疫病毒（NDV）抗体滴度、SOD 活性、MDA、血糖、TC、LDL－C、HDL－C 含量，42 日龄统计试验鸡的屠宰性能。整个试验期内，统计各组鸡日增重、日耗料量和料重比。结果表明，AGF 可以有效提高肉鸡的生长发育和生长性能，提高饲料转化率和屠体品质；可以有效促进肉鸡的免疫性能，提高法氏囊及脾脏指数；AGF 有较强的抗氧化作用，显著提高 SOD 活性和 MDA 含量，并且可以调节肉鸡的脂类代谢，降低血清 TC 和 LDL－C 含量，提高 HDL－C 含量。综合各项指标，以 0.050%组效果较好。

6.5　显齿蛇葡萄提取物在文昌鸡日粮中的应用

作者团队成员李辉等（2021）选用显齿蛇葡萄提取物开展了相关试验，探究在文昌鸡的基础日粮中添加不同比例的显齿蛇葡萄提取物对文昌鸡的生长性能、屠宰性能、抗氧化性能、免疫性能等的影响。

饲养试验于 2020 年 12 月至 2021 年 1 月在海南省琼海市大午农牧有限公司进行。试验所用显齿蛇葡萄提取物（商品名：莓茶素）为海南舜钦生物科技有限公司提供，其中粗蛋白含量为 13.82%，黄酮类化合物含量为 41.5%（其中二氢杨梅素含量为 36.8%，杨梅素含量为 0.83%）。试验采用单因子完全随机设计，选取 240 只 70 日龄健康且体重相近的文昌鸡母鸡，随机分为 4 个组，每组 5 个重复，每个重复 12 只鸡。4 个组分别为对照组（饲喂基础日粮）、3 个实验组（分别在基础日粮中添加 0.2%、0.4%、0.6%莓茶素）。试验期为 54 天。

试验饲粮和饲养管理参照《文昌鸡饲养管理技术规程》（DB46/T 44—2011）配制玉米－豆粕型基础饲粮，并在此基础上添加不同比例的莓茶素组成试验饲粮。基础饲粮组成及营养水平（风干基础）见表 6.1。试验鸡采用 3 层叠式进行笼养，自由采食及饮水，定期清洁笼内卫生及消毒，常规免疫。

表 6.1　基础饲粮组成及营养水平（风干基础）

项目		含量（%）
原料	玉米	63.55
	发酵豆粕	11.60
	次粉	5.00
	玉米蛋白粉	5.00
	菜籽粕	3.00
	米糠粕	1.50
	豆油	7.00
	石粉	0.50
	磷酸氢钙	0.40
	预混料	2.45
	合计	100.00
营养水平	代谢能（MJ/kg）	13.96
	粗蛋白质	15.32
	可消耗赖氨酸	0.58
	可消耗蛋氨酸	0.27
	可消耗半胱氨酸	0.27
	钙	0.38
	有效磷	0.44

注：每千克预混料含有 VA 1000000IU，VD_3 416667IU，VE 6667 mg，VK_3 267 mg，VB_1 267 mg，VB_2 717 mg，VB_6 450 mg，烟酰胺 5000 mg，泛酸钙 1417 mg，Fe 1667 mg，Cu 1333 mg，Mn 10000 mg，Zn 9167 mg，I 104 mg，SE 25 mg。

每周统计各组投料量和剩料量，在试验开始和结束时以重复为单位对每组鸡进行称重，计算平均日增重、平均日采食量和料重比，并详细观察和记录鸡只发病、死亡和淘汰情况。饲粮中添加莓茶素对文昌鸡的平均日采食量无显著影响（$P>0.05$），在饲粮中添加 0.4%莓茶素显著提高了文昌鸡的末重和日增重（$P<0.05$），显著降低了料肉比（$P<0.05$）。已知黄酮类化合物可以提高动物体内消化酶的活性、促进肠道内物质消化吸收，同时黄酮类化合物可以通过作用于动物的下丘脑－垂体－靶器官生长轴调节，增强动物的生长性能。本研究发现添加 0.4%莓茶素，即二氢杨梅素含量为 0.1%时，可以显著提高文昌鸡的末重和日增重，显著降低料肉比，说明莓茶素对文昌鸡的生长性能有积极作用。莓茶素对文昌鸡生长性能的影响见表 6.2。

表 6.2 莓茶素对文昌鸡生长性能的影响

项目	对照组	0.2%组	0.4%组	0.6%组
初重（g）	1115.12±10.89	1104.38±20.40	1105.19±19.27	1097.59±15.22
末重（g）	2157.50±36.30[b]	2206.50±32.52[ab]	2244.83±28.14[a]	2198.54±45.38[ab]
平均日采食量（g/d）	108.54±0.98	109.15±0.54	108.28±0.41	108.86±0.06
平均日增重（g/d）	19.30±0.72[b]	20.41±0.50[ab]	21.10±0.61[a]	20.39±1.12[ab]
料重比	5.63±0.19[a]	5.35±0.15[ab]	5.14±0.14[b]	5.35±0.30[ab]

注：肩标不同的小写字母表示差异显著，$P<0.05$。

屠宰性能可以判断畜禽品种的优劣、饲养水平的高低，还能够反映畜禽机体构成与其可食用部分之比。参照中国农业行业标准 NY/T 823—2004 中的方法对文昌鸡屠宰性能的相关指标进行度量和计算。于试验第 55 天，每重复选取 1 只接近平均体重的健康肉鸡，称重后颈动脉放血并收集血清，去毛后解剖，分离胸肌、腿肌和腹脂并称重记录，计算屠宰率、半净膛率、全净膛率、胸肌率、腿肌率和腹脂率，计算公式如下：

屠宰率（%）=屠体重/宰前体重×100%

半净膛率（%）=半净膛重/宰前体重×100%

全净膛率（%）=全净膛重/宰前体重×100%

腿肌率（%）=两侧腿重/全净膛重×100%

胸肌率（%）=两侧胸肌重/全净膛重×100%

腹脂率（%）=腹脂重/全净膛重×100%。

饲粮中添加莓茶素对文昌鸡的半净膛率、全净膛率及腿肌率均无显著影响（$P>0.05$），日粮中添加 0.6%的莓茶素组肉鸡的屠宰率与对照组及在日粮中添加 0.2%莓茶素组相比显著提高（$P<0.05$），添加 0.4%莓茶素组腹脂率较低。与对照组相比，在日粮中添加莓茶素可显著提高鸡只胸肌率（$P<0.05$）。莓茶素对肉鸡屠宰性能的影响见表 6.3。本试验发现，莓茶素可以提高文昌鸡的屠宰率、胸肌率，并且添加 0.2%和 0.4%莓茶素（即二氢杨梅素含量分别为 0.07%和 0.1%）时可以降低文昌鸡的腹脂率。

表 6.3 莓茶素对肉鸡屠宰性能的影响

项目	对照组	0.2%组	0.4%组	0.6%组
屠宰率（%）	93.01±0.61[b]	92.82±0.32[b]	93.58±0.42[ab]	94.00±0.63[a]
半净膛率（%）	84.16±2.51	85.11±1.93	85.46±3.46	85.60±4.40
全净膛率（%）	67.96±2.38	68.30±1.89	70.26±2.82	67.94±4.56
腹脂率（%）	9.87±0.78[ab]	9.74±1.08[ab]	7.96±1.50[b]	10.51±1.96[a]
胸肌率（%）	13.05±2.10[b]	14.89±1.31[ab]	15.71±1.26[a]	15.90±0.86[a]
腿肌率（%）	14.67±1.27	15.80±1.10	16.88±1.94	16.73±1.51

注：肩标不同的小写字母表示差异显著，$P<0.05$。

血清总抗氧化能力（T－AOC）、丙二醛（MAD）含量、总超氧化物歧化酶（T－

SOD）和谷胱甘肽过氧化物酶（GSH－PX）活性均采用比色法进行测定。由表 6.4 可知，与对照组相比，在日粮中添加 0.4%莓茶素组肉鸡血清中的 T－AOC、T－SOD 活性显著升高（$P<0.05$）。添加 0.4%莓茶素组肉鸡血清中的 MDA 含量最低（$P<0.05$），GSH－PX 含量最高（$P<0.05$）。已知莓茶素中主要成分为二氢杨梅素，因此推测本研究中莓茶素可显著提高文昌鸡血清的 T－AOC、T－SOD 及 GSH－PX 活性，并降低 MDA 的含量，可能与二氢杨梅素的抗氧化活性密切相关。

表 6.4　莓茶素对文昌鸡血清抗氧化指标的影响

项目	对照组	0.2%组	0.4%组	0.6%组
T－AOC（U/mL）	6.93 ± 1.37^{b}	7.68 ± 1.11^{ab}	9.21 ± 1.20^{a}	8.07 ± 0.85^{ab}
T－SOD（U/mL）	220.54 ± 6.52^{b}	241.90 ± 8.12^{ab}	255.79 ± 10.88^{a}	254.32 ± 25.07^{a}
MDA（nmol/mL）	5.55 ± 1.10^{ab}	6.41 ± 1.04^{a}	4.11 ± 0.96^{b}	5.86 ± 1.08^{ab}
GSH－PX（U/mL）	1377.79 ± 21.74^{c}	1449.09 ± 28.14^{b}	1512.00 ± 42.20^{a}	1386.17 ± 20.17^{c}

注：肩标不同的小写字母表示差异显著，$P<0.05$。

血清免疫球蛋白 A（immunoglobulinA，IgA）、免疫球蛋白 G（immunoglobulinG，IgG）以及免疫球蛋白 M（immunoglobulinM，IgM）均采用酶联免疫吸附试验（ELISA）法进行测定。血清抗体在一定水平上能够反映机体对疾病的抵抗能力，免疫球蛋白 IgG、IgM 和 IgA 是介导体液免疫的主要抗体。其中，IgM 主要由 B 细胞合成，是机体在初次免疫应答时产生具有与抗原结合能力的免疫球蛋白。IgG 主要在中枢免疫器官的浆细胞内合成，其能够抵抗病菌和病毒对机体的侵袭，对疾病有一定预防作用。IgA 是在胃肠淋巴组织中合成的，分为血清型和分泌型两种。由表 6.5 可知，日粮中添加莓茶素对文昌鸡血清中的 IgM、IgG 含量无显著影响，与对照组相比，日粮中添加不同水平的莓茶素显著提高了肉鸡血清中 IgA 的含量。本研究中，在日粮中添加 0.4%莓茶素，即黄酮含量为 0.1%时可以显著提高 IgA 的含量，而 IgG 和 IgM 的含量虽有升高的趋势，但不显著，可能是添加莓茶素比例导致的。

表 6.5　莓茶素对文昌鸡血清抗氧化指标的影响

项目	对照组	0.2%组	0.4%组	0.6%组
IgA（μg/mL）	280.74 ± 18.97^{c}	343.77 ± 18.14^{b}	414.43 ± 22.16^{a}	368.14 ± 19.47^{b}
IgG（μg/mL）	2716.42 ± 59.51	2794.84 ± 52.13	3037.30 ± 47.08	3077.44 ± 395.92
IgM（μg/mL）	1002.66 ± 29.71	1032.00 ± 40.24	1073.76 ± 60.40	1009.53 ± 19.48

注：肩标不同的小写字母表示差异显著，$P<0.05$。

参考文献

[1] Gao J, Liu B, Ning Z, et al. Characterization and antioxidant activity of flavonoid-rich extracts from leaves of ampelopsis grossedentata [J]. Journal of

Food Biochemistry，2009，33（6）：808－820.

［2］Hou X L，Tong Q，Wang W Q，et al. Suppression of Inflammatory Responses by Dihydromyricetin，a Flavonoid from Ampelopsis grossedentata，via Inhibiting the Activation of NF－κB and MAPK Signaling Pathways［J］. Journal of Natural Products，2015，78（7）：1689－1696.

［3］Ye L，Wang H，Duncan S E，et al. Antioxidant activities of Vine Tea（*Ampelopsis grossedentata*）extract and its major component dihydromyricetin in soybean oil and cooked ground beef［J］. Food Chemistry，2015，172：416－422.

［4］白秀秀，夏广萍，赵娜夏，等. 张家界产莓茶中的酚性化学成分［J］. 中药材，2013，36（1）：65－67.

［5］陈帅，郁建平. 藤茶总黄酮抗炎及抑菌作用的实验研究［J］. 贵阳中医学院学报，2013，35（1）：1－3.

［6］付明，黎晓英，王登宇，等. 显齿蛇葡萄叶中黄酮类化合物的研究［J］. 中国药学杂志，2015，50（7）：574－578.

［7］何桂霞，裴刚，周天达，等. 显齿蛇葡萄中总黄酮和二氢杨梅素的含量测定［J］. 中国中药杂志，2000（7）：39－41.

［8］焦思棋，廖利，冯淳，等. 显齿蛇葡萄中黄酮类化合物对α－葡萄糖苷酶的抑制作用研究［J］. 食品科技，2019，44（1）：269－273.

［9］祁佳，李莉霞，卜书红，等. 藤茶提取物清咽抗炎作用及其机制的研究［J］. 贵阳中医学院学报，2013，35（1）：19－21.

［10］李辉，周璐丽，王定发，等. 日粮中添加莓茶素对文昌鸡生长性能、屠宰性能、血液免疫功能、抗氧化活性的影响［J］. 饲料研究，2021，44（18）：44－47.

［11］梁萌. 藤茶提取物对肉鸡免疫性能、脂质过氧化水平和脂类代谢的影响［D］. 泰安：山东农业大学，2004.

［12］刘慧颖，崔秀明，刘迪秋，等. 显齿蛇葡萄的化学成分及药理作用研究进展［J］. 安徽农业科学，2016，44（27）：135－138.

［13］罗祖友，陈根洪，陈业，等. 藤茶多糖抗肿瘤及免疫调节作用的研究［J］. 食品科学，2007（8）：457－461.

［14］罗祖友，陈根洪，郑小江，等. 藤茶多糖 AGP－3 的分离纯化与结构的初步鉴定［J］. 时珍国医国药，2009，20（7）：1707－1709.

［15］李佳川，李思颖，王优，等. 藤茶化学成分、药理作用及质量标志物（Q－marker）预测分析［J］. 西南民族大学学报（自然科学版），2021，47（3）：254－266.

［16］潘欣妍. 显齿蛇葡萄多糖分离、鉴定及其片剂制备研究［D］. 大连：大连海洋大学，2019.

［17］苏素娇. 显齿蛇葡萄品质评价及其相关药效学研究［D］. 福州：福建中医药大学，2014.

［18］熊大胜，朱金桃，刘朝阳. 显齿蛇葡萄幼嫩茎叶提取物抑菌作用的研究［J］. 食品科学，2000（2）：48－50.

[19] 熊云霞，王丽，温晓鹿，等. 日粮中添加藤茶提取物对猪生长性能、血液生化指标、抗氧化活性的影响 [J]. 中国畜牧兽医，2019，46 (5)：1330−1339.

[20] 徐新，李佳川，王元，等. 土家药食资源藤茶提取物体外抗氧化活性研究 [J]. 西南民族大学学报（自然科学版），2018，44 (2)：171−175.

[21] 张煊，徐玉，薛海，等. 藤茶提取物对素肉丸冷藏期间脂质和蛋白质氧化的抗氧化活性影响 [J]. 食品科学，2020，41 (3)：212−217.

[22] 赵蓓，张元忠，向薛名，等. 土家药显齿蛇葡萄为主药中西医结合防治新型冠状病毒肺炎临床观察 [J]. 广西中医药，2020，43 (5)：16−17.

[23] 周春权，林静瑜，姚欣，等. 藤茶总黄酮体外抗肿瘤实验研究 [J]. 中国医药科学，2012，2 (9)：50−51.

[24] 钟正贤，覃洁萍，周桂芬，等. 广西瑶族藤茶中双氢杨梅树皮素的药理研究 [J]. 中国民族医药杂志，1998，4 (3)：42−44.

[25] 漆姣媚，蒋燕群，张杰，等. 显齿蛇葡萄总黄酮降血糖作用研究 [J]. 中国药学杂志，2017，52 (19)：1685−1690.

[26] 熊皓平，何国庆，杨伟丽，等. 显齿蛇葡萄生化成分分析 [J]. 中国食品学报，2004 (3)：71−74.

[27] 杨茂林，李明祖，刘若余. 生态复合藤茶饲料添加剂对江口萝卜猪育肥性能及抗病力的影响 [J]. 贵州畜牧兽医，2014，38 (5)：11−13.

[28] 武书庚，刁其玉，石波，等. 藤茶黄酮对仔猪生产性能的影响 [J]. 饲料工业，2005 (7)：29−31.

[29] 赵萌. 藤茶总黄酮对仔猪生长性能的影响研究 [D]. 贵阳：贵州大学，2016.

附录：植物提取物类饲料添加剂申报指南

1 适用范围

1.1 本指南规定了植物提取物类饲料添加剂申报的基本原则、术语和定义、分类和材料要求等。

1.2 本指南适用于申请新饲料添加剂证书以及饲料添加剂扩大适用范围、含量规格低于饲料添加剂安全使用规范等规范性文件要求（由饲料添加剂与载体或者稀释剂按照一定比例配制的除外）、生产工艺发生重大变化、纳入《饲料添加剂品种目录》等事项。

1.3 申请进口含有我国尚未批准使用的植物提取物类饲料添加剂产品参照本指南执行。

2 基本原则

2.1 研制植物提取物类饲料添加剂，应遵循科学、安全、有效、环保的原则，保证产品的质量安全。

2.2 应基于当前的科学认知，结合植物提取物的具体特征，运用物理、化学和（或）生物学等技术、方法，建立有效反映植物提取物类饲料添加剂质量的评价方法，以确保质量可控。

2.3 申报产品应由申报单位研制并在中试车间或生产线生产。开展评价试验、检验、检测等的受试物应与申报产品一致。

2.4 转基因植物来源的产品，应提供来源植物的农业转基因生物安全证书。

2.5 鼓励研制者从“不同部位、不同组分、不同作用机制”三个维度研发创制植物提取物类饲料添加剂。植物提取物类饲料添加剂取得新饲料添加剂证书后，不再受理相同产品的新饲料添加剂证书申请，也不受理含量规格低于在监测期内相同产品的申请。相同产品指来源于同种植物的相同部位，采用同类工艺提取，有效组分相似，且含量规格相近的产品。有效组分含量规格高出现有植物提取物类饲料添加剂产品 50%及以上的（有效组分为多种物质的，以合计含量计），视为不同产品。

3 术语和定义

以下术语和定义适用于本指南。

3.1 饲用植物

指《饲料原料目录》中收录的植物。

《饲料原料目录》中的食用菌和藻类，以及具有传统食用习惯的食品、按照传统既是食品又是中药材的物质和新食品原料的来源植物可参照饲用植物提供申报材料。

3.2 其他植物

指饲用植物以外的植物。

3.3 植物提取物类饲料添加剂

以单一植物的特定部位或全植株为原料，经过提取和（或）分离纯化等过程，定向获取和浓集植物中的某一种或多种成分，一般不改变植物原有成分结构特征，在饲料加工、制作使用过程中添加的少量或者微量物质。包括纯化提取物、组分提取物和简单提取物。产品形态可以为固态、液态和膏状。

3.4 纯化提取物

指植物经过提取、分离和纯化等过程得到的单一成分产品，单一成分的含量应占提取物的 90%（以干基计）及以上。

3.5 组分提取物

指植物经过提取、分离和（或）纯化得到可定性的有效组分混合物产品，以类组分或多个有效成分进行量化质控标示。

3.6 简单提取物

指植物经过提取、浓缩和（或）干燥，未经分离纯化得到的产品，以代表性质量标示物进行量化质控标示。

3.7 有效成分

植物提取物中具有特定的生物活性、能代表其应用效果的单一成分。

3.8 有效组分

植物提取物中具有特定的生物活性、能代表其应用效果的多个有效成分，或一组、多组类组分。

3.9 类组分

类组分为一组结构相似化合物组成的混合物。

3.10 质量标示物

指用于对简单提取物进行质量控制且可进行定性鉴别和定量测定的特征成分或类组分。可从植物提取物特征图谱的特征峰中选取一个或多个主要成分作为质量标示物。

4 申报材料要求

植物提取物类饲料添加剂产品申报材料应按照以下要求及植物提取物类饲料添加剂

申报分类及材料要求表（见附件）提供。评审通过的简单提取物类植物提取物由农业农村部公告作为饲料添加剂生产和使用，但不发新饲料添加剂证书。

4.1　申报材料摘要

围绕产品的安全性、有效性、质量可控性、生产工艺以及对环境的影响等方面进行简要概述。摘要内容应可公开。

4.2　产品名称及命名依据、类别

4.2.1　产品通用名称及命名依据

通用名称应能反映产品真实属性，并在申报材料中统一使用该名称，一般应包含有效成分或类组分、来源植物等相关信息

有效成分名称应符合国内相关标准（例如：药典、国家标准和行业标准）或国际组织（例如：国际纯粹化学和应用化学联合会）相关标准的命名原则。有美国化学文摘（CAS）登记号的应予提供。

（1）纯化提取物

以有效成分命名，并注明来源植物的中文名，如：绿原酸（源自山银花）。

（2）组分提取物

以来源植物的中文名（必要时可注明部位）加“提取物”命名，并注明有效组分中的2～3个主要有效成分和（或）类组分。如：紫苏籽提取物（有效组分为α－亚油酸、亚麻酸、黄酮）。

（3）简单提取物

以来源植物的中文名（必要时可注明部位）加“提取物”命名，不需注明有效组分。如：杜仲叶提取物。

4.2.2　产品的商品名称

商品名称为产品在市场销售时拟采用的名称，如没有的可不提供。

4.2.3　产品类别

《饲料添加剂品种目录》增设“植物提取物”类别。产品可纳入该类别，也可根据实际功能，参照《饲料添加剂品种目录》设立的类别名称填写。

4.3　产品研制目的

重点阐述产品研制背景、研究进展、研制目标、产品功能、国内外在饲料和相关行业批准使用情况、产品的先进性和应用前景等。

4.4　产品组分及其鉴定报告、理化性质及安全防护信息

4.4.1　产品组分

指产品的全部或主要组成成分，包括有效成分（有效组分或质量标示物）及其他组分。

（1）有效组分及其含量

含量以%、g/kg、mg/kg等国际通用单位表示。

纯化提取物：应提供有效成分及其含量。给出有效成分通用名称、化学名称、CAS登记号（如有需提供）、分子式、化学结构式和分子量。

组分提取物：应提供有效组分中有效成分或类组分及其含量。有效成分或类组分中

各成分为化学上可定义的物质，参照纯化提取物进行描述；不能以单一化学式描述或不能被完全鉴定的，应给出组分类别，或通过适当方式表征。

简单提取物：应提供质量标示物及其含量。质量标示物描述参照组分提取物。

(2) 其他组分及其含量

应说明除有效组分外的其他组分及其含量。添加载体的，应提供名称及其配方量。

其他组分不能以单一化学式描述或不能被完全鉴定的混合物，应说明组分类别（如黄酮类），可不提供具体组分含量。

4.4.2 鉴定报告

纯化提取物中有效成分、组分提取物中有效组分和简单提取物中质量标示物为化学上可定义的物质，应准确鉴定，并说明确认试验所用主要仪器和测试方法，例如红外光谱、紫外光谱、色谱、质谱、核磁共振或化学官能团的特征反应鉴定结果。

组分提取物和简单提取物应提供包括前述有效组分和其他组分的特征图谱；必要时，纯化提取物应提供其微量组分的特征图谱。

4.4.3 外观与物理性状

固态产品应提供颜色、气味、粒径分布、堆密度或容重等数据；液态产品应提供颜色、气味、黏度、密度、表面张力等数据；膏状产品应提供颜色、气味和味道等描述。

4.4.4 有效组分理化性质

根据产品的性质，纯化提取物中有效成分、组分提取物中有效组分和简单提取物中质量标示物为化学上可定义的物质，应提供其沸点、熔点、密度、蒸汽压、折光率、比旋光度、常见溶媒中的溶解度、对光或热的稳定性、电离常数、电解性能、pKa 等数据。相关信息可来自国际权威机构公开发布的数据或申请人的实测数据；组分提取物和简单提取物应提供其在常见溶媒中的溶解度。

4.4.5 产品安全防护信息

根据产品的性质，提供危害描述、泄露应急处理、操作处置与储存、接触控制与个体防护、急救措施、废弃处置等信息。

4.5 产品功能、适用范围和使用方法

4.5.1 产品功能

应说明产品的作用机制，明确其主要功能。产品功能包括改善饲料品质（如抗氧化、防霉防腐、酸度调节、调味诱食、着色等）、提高动物产品产量、改善动物产品质量、提高营养物质利用率、促进动物生长、改善动物健康等，并以试验数据或公开发表的文献资料作为支撑。

以抗病毒、抗菌、抗炎等预防或者治疗动物疾病为主要功能的不属于饲料添加剂范畴。

4.5.2 产品适用范围和使用方法

适用范围和使用方法应说明产品适用的动物种类、生产阶段推荐用量及注意事项，必要时提供产品单独或与其他饲料添加剂共同在配合饲料或全混合日粮中添加的最高限量建议值，相关内容应有安全性和有效性评价试验数据的支撑。

4.6 生产工艺、制造方法及产品稳定性试验报告

4.6.1 生产工艺和制造方法

提供产品生产工艺流程图和工艺描述。流程图应以设备简图的方式表示，详细体现产品生产全过程；工艺描述应与流程图一一对应，重点描述原料、设备、生产过程各步骤所使用的方法和技术参数（如提取溶剂、提取次数、提取时间、温度、压力、pH 值等），有中间产品控制指标的也应一并提供。

4.6.2 产品稳定性试验报告

稳定性试验包括影响因素试验、加速试验和长期稳定性试验，如涉及膨化或颗粒饲料加工，需开展膨化或制粒过程中产品的稳定性试验，并提供按照农业农村部相关技术指南开展稳定性试验的报告。

4.7 产品质量标准草案、编制说明及检验报告

4.7.1 产品质量标准草案

应按照《标准化工作导则 第 1 部分：标准化文件的结构和起草规则》（GB/T 1.1)、《标准编写规则 第 4 部分：试验方法标准》（CB/T 20001.4）和《标准编写规则 第 10 部分：产品标准》（GB/T20001.10）的要求进行编写。

产品质量标准应包括范围、规范性引用文件、术语和定义、化学名称和分子式等基本信息（对于纯物质）、技术要求（包括产品外观与性状、鉴别指标、理化指标等）、取样、试验方法、检验规则标签、包装、运输、贮存、保质期和附录等

鉴别指标项：纯化提取物应提供有效成分的鉴别指标，必要时提供其他微量组分的特征图谱；组分提取物应包括但不限于特征图谱，特征图谱应包括有效组分及其他组分；简单提取物应包括但不限于特征图谱，特征图谱应包括质量标示物及其他组分。

理化指标项：应包括但不限于有效成分（类组分或质量标示物）含量；必要的卫生指标，如重金属、真菌毒素等有毒有害物质及微生物限量。

产品质量标准的具体检测方法可采用农业农村部发布的技术指南、国家标准、行业标准或公开发布、并经全国饲料评审委员会专家组评审认为具有广泛可接受性和权威性的团体标准规定的检测方法。对于暂无规定的，应新建检测方法。

4.7.2 编制说明

应说明质量标准中的指标设置依据。技术指标的设置应符合相关法规标准要求，并与实际检测情况一致。引用国内外标准试验方法的，国际标准应提供其原文和中文译文，国内标准提供标准原文；如果是新建检测方法，应按照方法标准制定要求，提供方法主要技术内容确定的依据，包括定性定量分析方法、样品前处理方法和方法学考察等

4.7.3 方法验证报告

对新建检测方法（含特征图谱)，应提供至少 3 家具备检验资质的第三方机构出具的验证报告。定量分析方法的验证应考察线性范围、检出限、定量限、准确度和精密度等。特征图谱的方法验证应考察重复性、特征峰数和特征峰相对保留时间。

4.7.4 检验报告

由申请人自行检测或委托具备检验资质的机构出具的三个批次产品检验报告。检测项目应与质量标准一致，并采用其规定的检测方法

4.7.5　有效组分在饲料产品中的检测方法

有最高限量要求的产品，应根据其适用对象，提供有效组分在配合饲料或全混合日粮、浓缩饲料、精料补充料和添加剂预混合饲料中的检测方法。

4.8　安全性评价材料要求

包括靶动物耐受性评价报告、毒理学安全评价报告、代谢和残留评价报告。评价试验应按照农业农村部发布的技术指南或国家标准、行业标准进行。农业农村部暂未发布指南或暂无国家标准、行业标准的，可参照世界卫生组织、经济合作与发展组织等国际权威组织发布的技术规范或指南进行。靶动物耐受性评价报告、毒理学安全评价报告、代谢和残留评价报告应由农业农村部指定的评价试验机构出具。评价报告的出具单位不得是申报产品的研制单位、生产企业，或与研制单位、生产企业存在利害关系。

纯化提取物、组分提取物和简单提取物应分类提供安全性评价材料，具体要求见附件。

4.8.1　靶动物耐受性评价报告

4.8.2　毒理学安全评价报告

包括急性毒性试验、遗传毒性试验（致突变试验）、28天经口毒性试验、亚慢性毒性试验、致畸试验、繁殖毒性试验、慢性毒性试验（包括致癌试验）等毒性评价。

4.8.3　代谢和残留评价报告

以其他植物为原料的纯化提取物应进行代谢和残留评价，但有效成分或代谢残留物是以下情形除外：

—在饲用物质中天然存在并具有较高含量；

—是动物体液或组织的正常成分；

—可被证明是原形排泄或不被吸收；

—是以体内化合物的生理模式和生理水平被吸收；

—农业农村部技术指南、国家标准或行业标准规定的数据外推情形。

4.8.4　相关文献资料

通过国内外文献数据检索，提供国内外权威机构就该产品的安全性评价报告，国内外权威刊物公开发布的就该产品安全性的文献资料，其他可证明该产品安全性的报告或文献资料。

4.9　有效性评价材料要求

4.9.1　有效性评价试验报告

提供由农业农村部指定的有效性评价试验机构出具的试验报告；靶动物有效性试验应按照农业农村部发布的技术指南或国家标准、行业标准进行。农业农村部技术指南、国家标准或行业标准规定的可以进行数据外推的情形除外。

4.9.2　特性效力试验报告

根据产品用途，提供依据技术规范或公认方法测定的特性效力的试验报告，如体外抗氧化和防霉效力的测试等。试验应选取申报产品适用饲料类别中的代表性产品进行。试验报告应由省部级及以上高等院校、科研单位或检测机构等出具。

4.9.3 相关文献资料

通过国内外文献数据检索，提供国内外权威机构就该产品靶动物有效性或特性效力的试验报告或评价报告，国内外权威刊物公开发布的就该产品靶动物有效性或特性效力的文献资料，其他可证明该产品靶动物有效性或特性效力试验的报告或文献资料。

评价报告的出具单位不得是申报产品的研制单位和发表文献的署名单位、生产企业，或与研制单位、生产企业存在利害关系。

4.10 对人体健康可能造成影响的分析报告

应根据安全性、有效性、代谢残留等数据和文献资料以及相关产品信息，参照风险评估的方法就饲料添加剂对人体健康可能造成的影响进行评估分析，形成报告。

来源植物为饲用植物的组分提取物和简单提取物不需要提供该分析报告

4.11 标签式样包装要求、贮存条件、保质期和注意事项

标签式样应符合《饲料和饲料添加剂管理条例》和《饲料标签》国家标准（GB 10648）的规定。包装要求、贮存条件、保质期的确定应以稳定性试验的数据为依据。

4.12 中试生产总结和“三废”处理报告

4.12.1 中试生产总结

包括中试的时间和地点，生产产品的批数（至少连续5批）、批号、批量，每批中试产品的详细生产和检验报告，中试中发现的问题和处置措施等。

4.12.2 “三废”处理报告

应说明生产过程中产生的“三废”及处理措施。

4.13 联合申报协议书

由两个及两个以上单位联合申报的（申报单位应是共同参与产品研发的研制单位或生产企业），应提供所有联合申报单位共同签署的联合申报协议书，明确知识产权归属、申请人排序、责任划分等，并承诺不就同一产品进行重复申报。协议书由各单位法定代表人签字并加盖单位公章。

4.14 其他材料

其他应提供的证明性文件和必要材料。例如，需进一步证明申报产品安全性的试验报告。

4.15 参考资料

提供产品研究、开发和生产中参考的主要参考文献。并在引用处进行标注，重要文献应附全文，重要外文文献应提供翻译件。注明参考材料中提到的有效组分与所申请的饲料添加剂品种是否一致，并说明相关信息的详细来源，如数据库、标准、研究报告、期刊和书籍等。

附件

植物提取物类饲料添加剂申报分类及材料要求表

内容	纯化提取物		组分提取物		简单提取物	
	饲用植物	其他植物	饲用植物	其他植物	饲用植物	其他植物
饲料添加剂申请表	+	+	+	+	+	+
申报材料目录	+	+	+	+	+	+
申报材料						
一、申报材料摘要	+	+	+	+	+	+
二、产品名称及命名依据、类别						
（一）产品通用名称及命名依据	+	+	+	+	+	+
（二）产品的商品名称	*	*	*	*	*	*
（三）产品类别	+	+	+	+	+	+
三、产品研制目的	+	+	+	+	+	+
四、产品组分及其鉴定报告、理化性质及安全防护信息						
（一）产品组分						
1. 有效组分及其含量	+	+	+	+	+	+
2. 其他组分及其含量	+	+	+	+	+	+
（二）鉴定报告	+	+	+	+	+	+
（三）外观与物理性状	+	+	+	+	+	+
（四）有效组分理化性质	+	+	+	+	+	+
（五）产品安全防护信息	+	+	+	+	+	+
五、产品功能、适用范围和使用方法						
（一）产品功能	+	+	+	+	+	+
（二）产品适用范围和使用方法	+	+	+	+	+	+
六、生产工艺、制造方法及产品稳定性试验报告						
（一）生产工艺和制造方法	+	+	+	+	+	+
（二）产品稳定性试验报告	+	+	+	+	+	+

续表

内容	纯化提取物		组分提取物		简单提取物	
	饲用植物	其他植物	饲用植物	其他植物	饲用植物	其他植物
七、产品质量标准草案、编制说明及检验报告						
(一) 产品质量标准草案	+	+	+	+	+	+
(二) 编制说明	+	+	+	+	+	+
(三) 方法验证报告	*	*	+	+	+	+
(四) 检验报告	+	+	+	+	+	+
(五) 有效组分在饲料产品中的检测方法	*	*	*	*	—	*
八、安全性评价材料要求						
(一) 靶动物耐受性评价报告	+	+	±	+	—	+
(二) 毒理学安全评价报告						
1. 急性毒性试验	+	+	±	+	—	+
2. 遗传毒性试验（致突变试验）	+	+	±	+	—	+
3. 28天经口毒性试验	+	+	±	+	—	+
4. 亚慢性毒性试验	+	+	±	+	—	+
5. 致畸试验	*	*	*	*	—	*
6. 繁殖毒性试验	*	*	*	*	—	*
7. 慢性毒性试验（包括致癌试验）	*	*	*	*	—	*
(三) 代谢和残留评价报告	—	±	—	*	—	*
(四) 相关文献资料	*	*	*	*	*	*
九、有效性评价材料要求						
(一) 有效性评价试验报告/特性效力试验报告	+	+	+	+	±	+
(二) 相关文献资料	*	*	*	*	*	*
十、对人体健康可能造成影响的分析报告	+	+	—	*	—	*
十一、标签式样、包装要求、贮存条件、保质期和注意事项	+	+	+	+	+	+

续表

内容	纯化提取物		组分提取物		简单提取物	
	饲用植物	其他植物	饲用植物	其他植物	饲用植物	其他植物
十二、中试生产总结和“三废”处理报告						
（一）中试生产总结	+	+	+	+	+	+
（二）“三废”处理报告	+	+	+	+	+	+
十三、联合申报协议书	*	*	*	*	*	*
十四、其他材料	*	*	*	*	*	*
十五、参考资料	+	+	+	+	+	+
十六、CD 光盘（两份）	+	+	+	+	+	+

说明：

（1）“+”指必须提供材料。

（2）“−”指不要求提供材料。

（3）“±”指可以用文献资料代替试验研究报告。包括国内外权威机构就该产品的评价报告、国内外权威刊物公开发表直接证明该产品安全性和有效性的文献资料、其他可直接证明该产品安全性和有效性的报告或文献资料；以上所指“该产品”的提取工艺和有效组分应与申请人所申报产品基本一致。

（4）“*”指必要时提供。

（5）本指南所指饲用植物使用的部位应与《饲料原料目录》中规定植物的特定部位一致。